营养师妈妈教你做 婴幼儿餐

孙晶丹 主编

陕西新华出版传媒集团

陕西旅游出版社

图书在版编目（CIP）数据

营养师妈妈教你做婴幼儿餐 / 孙晶丹主编. — 西安：
陕西旅游出版社，2022.5
　　ISBN 978-7-5418-4105-7

　　Ⅰ．①营… Ⅱ．①孙… Ⅲ．①婴幼儿—食谱 Ⅳ.
①TS972.162

中国版本图书馆 CIP 数据核字(2021)第 154948 号

营养师妈妈教你做婴幼儿餐　　　　　　　　　孙晶丹 主编

责任编辑：晋枫森
出版发行：陕西新华出版传媒集团　陕西旅游出版社
　　　　　（西安市曲江新区登高路 1388 号　邮编：710061）
电　　话：029-85252285
经　　销：全国新华书店
印　　刷：深圳市精彩印联合印务有限公司
开　　本：787mm×1092mm　　　　1/16
印　　张：14
字　　数：210 千字
版　　次：2022 年 5 月　　第 1 版
印　　次：2022 年 5 月　　第 1 次印刷
书　　号：ISBN 978-7-5418-4105-7
定　　价：58.00 元

目录 Contents

第三章 7~9个月，尝试吃蛋黄小手自己来

第四章 10~12个月，颗粒大点也不怕

第五章 1~1.5岁，软烂食物都能吃

第六章　1.5~2岁，辅食地位提高啦

第七章　2~3岁，尝试像大人一样吃饭

第八章 4~6岁，营养均衡最重要

第一章

助力成长，
宝宝营养健康指南

0~3 岁，辅食添加不犯愁

对于刚出生的宝宝来说，母乳可是他们来到这个世界上吃到的第一份美食，但是当宝宝长到 4 个月大的时候，他们似乎越来越想要去品尝更多的滋味。作为一个全能的妈妈，又怎么会让宝宝失望呢？赶紧来了解和宝宝辅食有关的内容吧，让宝宝在从单一乳食过渡到多样化饮食的"必经之路"上健康成长。

1 辅食添加的时间

随着宝宝一天天长大，通常在 4 ~ 6 个月后，母乳已经无法满足宝宝对营养的需求了。这一时期，是宝宝生长的加速期，也是添加辅食的最佳时机，妈妈要开始考虑给宝宝添加辅食了。细心的妈妈一定不难发现，当宝宝出现以下这些情况时，就是他在向你传达"我要吃辅食"的信号啦。

★体重明显增加。宝宝的体重达到出生时的 2 倍，至少 6 千克。只有宝宝的体重达到这样的增长标准，才需要考虑给宝宝做辅食添加的准备。

★颈部开始变得有力。宝宝能够控制头部的转动及保持上半身平衡，可以在有支撑的情况下坐直身体，并能通过前倾、后仰、摇头等简单动作表达想吃或不想吃的意愿。

★吃不饱，喝奶量大增。即使每天吃 8 ~ 10 次的母乳或配方奶，宝宝看起来仍然还是很饿的样子，有时还会无缘无故地哭闹；睡眠时间也变得越来越短；又或者宝宝之前睡觉都很安稳，现在却经常把你从梦中叫醒，半夜总少不了哭闹几回。

★开始学会咀嚼了。宝宝的口腔和舌头与消化系统是同步发育的。当宝宝很喜欢把一些东西放进嘴里，或是通过上下颌的张合来进行咀嚼等活动时，也就意味着宝宝要开始吃辅食了。

★伸舌反射消失。妈妈在刚给宝宝喂辅食时，会发现宝宝总是把喂进嘴里的食物吐出来，而认为宝宝不爱吃。其实宝宝这种伸舌头的举动是一种本能的自我保护行为，也叫做"伸舌反射"。当这种反射消失的时候，就说明给宝宝添加辅食的时机到来了。

★对吃东西感到好奇。宝宝对大人吃的食物开始感到好奇，喜欢盯着大人碗里的米饭看，可能还会来抓勺子、抢筷子，或是在大人把菜从盘子里夹起的时候伸手去抓。如果妈妈把食物放进宝宝嘴里，宝宝会试着吞咽下去，并表现出愉快的举动，如拍手、大笑等，这说明宝宝开始对吃饭产生浓浓的兴趣了；但若是宝宝将食物吐出来，把头转开或使劲儿来推你的手，则表示宝宝现在不想吃，妈妈还是隔几天再试试吧。如果一味地给宝宝硬塞、强喂辅食，不仅妈妈会产生很大的挫折感，宝宝也会不开心哦，要是宝宝以后看见要吃饭就怕怕，那可就糟糕啦。

宝宝开始吃辅食了，最开心的当然非妈妈莫属，这意味着宝宝在成长的路上又向前迈进了一大步。但是如果宝宝暂时还没有萌生出想吃辅食的念头，妈妈也不要太过着急，还是得根据宝宝的实际情况进行判断，等待时机的到来，并在成功添加辅食后，注意宝宝给你的"食用反馈"。毕竟每个宝宝的成长都是如此与众不同，需要妈妈更多的耐心守护才能让宝宝健康无敌。

2 辅食添加的方法

★辅食添加从婴儿营养米粉开始。婴儿米粉所含的营养成分非常丰富，它是以谷物为原料，以蔬果、肉蛋类等为配料，加入钙、磷、铁等矿物质及维生素等加工制作而成的，是专为婴幼儿设计的均衡营养食品。婴幼儿米粉为宝宝提供了生长必需的多种营养素，有的还特别添加了益生元或益生菌，较蛋黄、蔬菜泥等这类营养相对单一的食物更有利于宝宝的成长，且发生过敏反应的概率也很低，是妈妈为宝宝初次添加辅食的首选食物。

由于婴儿米粉已经过热加工熟化，因此给宝宝食用时只需用温开水冲调即可。妈妈可以根据宝宝的实际情况，自由调节冲调米粉时的浓淡。另外，考虑到辅食添加初期宝宝食用的量较少，吃完辅食后，宝宝可能还没吃饱，妈妈可接着再给宝宝喂一些母乳或奶粉。

★辅食添加从细到粗。辅食添加应从细到粗逐渐过渡，不能在添加初期就尝试给宝宝喂食米粥或肉末等食物。因为无论是宝宝的喉咙还是肠胃，都无法耐受这些大颗粒的食物，也很有可能会由于吞咽困难而对辅食产生恐惧心理。添加绿叶蔬菜时，应按照"菜汤→菜泥→碎菜末"这样的顺序来进行添加；添加固体食物时，妈妈可先将食物捣烂，做成泥状，如菜泥、果泥、蒸蛋羹、鸡肉泥等，待宝宝适应后，再做成碎末状或糜状，之后再做成丁块状。

★辅食添加从少到多。每次给宝宝添加新的食物时，宝宝可能会不太适应，因此在添加的时候，为了让宝宝顺利度过这个过程，妈妈可从食物的量上慢慢过渡。刚开始不要给宝宝喂太多，可先喂一两勺，观察宝宝是否出现不舒服的反应，然后再慢慢增加到三四勺、小半碗，甚至更多。例如添加蛋黄时，可先从 1/4 个甚至更少量的蛋黄开始，如果宝宝没有什么不良反应，保持几天 1/4 的量，几天后可加到 1/3 个，然后逐步加到 1/2、3/4 个，最后增至整个蛋黄。

★辅食添加从稀到稠。辅食添加初期应给宝宝喂食一些容易消化的、水分较多的流质食物，如汤类等，然后从半流质食物过渡到各种泥状食物，最后再添加软饭、小块的菜、水果及肉等半固体或固体食物。例如在添加米粉的时候，刚开始冲调需要多加一些水，使米粉糊较稀薄，随着添加时间推移，宝宝渐渐长大，再逐渐增加稠度。如果一开始就把米粉糊调得很稠，宝宝会很不喜欢。同理，如果一开始就添加半固体或固体食物，宝宝难以消化，既吸收不好也容易导致腹泻。

★辅食添加从一种到多种。初期添加辅食的种类切不可过多，妈妈要按照宝宝的营养需求和消化能力逐渐增加食物的种类，等宝宝习惯一种后再添加另外一种。如果一次添加太多种类，很容易引起不良反应。

例如：添加米糊后，最好就不要同时添加蛋黄了，要等宝宝适应米糊后才能开始添加蛋黄，等宝宝对米糊和蛋黄都适应后，再开始添加土豆泥。

★根据宝宝健康状况和消化能力添加。婴幼儿期的宝宝生长发育快，但同时他们身体的各个器官还未成熟，消化功能也较弱，如果辅食添加不合适，宝宝就会出现消化不良甚至过敏的反应。因此，妈妈在给宝宝喂辅食时，要特别留心宝宝的健康状况和消化能力，要在宝宝身体健康、消化功能正常的前提下开始添加辅食。如果宝宝生病或是对某种食物不消化，则应暂停添加或更换食物。每次在添加了新的食物后，还应注意观察宝宝的便便情况和皮肤是否过敏，如果出现腹泻、呕吐、皮肤发红或出疹等症状，就要立即停止喂该种食物，情况严重的还应带宝宝及时就医。

★辅食应少糖、无盐。糖虽然能够为宝宝提供热量，但是摄入过多却会引起维生素的缺乏，对宝宝健康不利。甜食吃太多，还会造成肥胖，且容易养成偏食、挑食的坏习惯。所以，妈妈在给宝宝制作食物时最好不要加糖，要尽量少选择糖果、蛋糕等这类含糖量高的食物作为辅食。1岁内的宝宝肾脏功能发育还不完善，如果摄入过多盐分，会增加宝宝肾脏的负担，对宝宝的肾脏发育不利。此外，如果因此让宝宝养成了喜食咸食的"重口味"饮食习惯，还会增加成年后患高血压的危险。1岁内的宝宝每日所需食盐量不到1克，而奶类和辅食本身所含钠已经足够满足宝宝所需要的量了，不用额外再给宝宝的辅食里加盐。

3 辅食添加的顺序

掌握给宝宝添加辅食的顺序很重要。妈妈千万不能在刚开始添加的时候，就给宝宝吃鸡鸭鱼肉等不易消化的食物。要记得先单一食物后混合食物、先流质食物后固体食物、先谷类果蔬后鱼肉的辅食添加顺序哦。

添加辅食最好选在妈妈给宝宝喂奶前，因为宝宝饥饿时更容易接受辅食。若宝宝生病或在天气炎热的夏天，可暂缓添加辅食，以免引起宝宝胃肠道的消化功能紊乱。此外，还应根据宝宝的月龄来选择适宜的辅食品种：

①1～3个月的宝宝，只需补充母乳中缺乏的维生素A和维生素D即可，因此在宝宝出生后的2～3周可添加适量鱼肝油，其用量可从开始的每天1～2滴，逐渐加至6滴左右。

②4～6个月的宝宝，唾液分泌增加，唾液中的酶开始能够消化淀粉类食物了，这时可适当加入一些淀粉食物，如米汤、米粉糊等；同时适量补充含铁食物，如肝泥、鱼泥、蛋黄等；6个月左右则可以给宝宝喂食稀粥、菜泥、水果泥等。

③7～9个月的宝宝，可添加烂面条、烤馒头片、饼干、面包等锻炼宝宝的咀嚼能力，帮助牙齿生长；之后再逐渐添加肉类，如鱼肉泥、猪肉泥以及鸡蛋羹、豆腐、碎菜等。

④10～12个月的宝宝，可先用辅食如添加肉末、菜末的粥或面片代替1～2次奶，为断奶做准备。之后除了可添加前面所提到的食物外，妈妈还可以给宝宝添加软面条、馒头、水果等。

4 辅食添加的误区

相信每个初为人母的妈妈都在如何给宝宝断奶和添加辅食上下了不少的工夫，妈妈们已经了解到给宝宝断奶的最佳时机，不可过早或过晚；也知道了添加辅食时应循序渐进，不可骤然进行；等等。然而，在添加辅食的实际操作过程中，仍然存在很多误区，妈妈们要尽量避免哦。

★添加辅食常见误区1：添加辅食后，就意味着给宝宝断奶

有些妈妈可能会认为，添加辅食后，就可以替代母乳给宝宝喂食了。然而辅食之所以被称为"辅"食，正是因为它仅仅只是辅助母乳的一种食物，是无法取代母乳的。宝宝在1岁前，母乳仍然是主要食物和重要的营养来源，尤其是维生素的主要来源还是母乳，而非辅食。宝宝的身体基本能够吸收母乳中的营养，而对辅食中的很多营养却难以全部吸收。最重要的是妈妈的乳汁还具有非常神奇的功效，它会随着宝宝的成长而变化，不断满足宝宝不同时期的需要。例如，当宝宝身体受到新病菌或病毒入侵时，通过吸吮乳汁将这些"坏蛋"传送到妈妈的身体里，妈妈的身体就会立刻根据"敌情"制造

出免疫球蛋白，再通过乳汁传送给宝宝，从而在宝宝体内建立起一道防护屏障，保卫宝宝的健康。

★添加辅食常见误区2：把蛋黄作为宝宝的第一种辅食

很多妈妈会习惯把鸡蛋黄作为宝宝尝试的第一种辅食，虽然鸡蛋在宝宝的生长发育过程中功不可没，但过早地给宝宝添加蛋黄却是很不妥当的一件事。特别是4～6个月的宝宝，肠胃还很虚弱，过早摄入蛋黄容易引起消化不良，有的宝宝吃了还会引起过敏。

一般情况下，妈妈应将添加蛋黄的时间推迟到8个月后，对于出现蛋黄过敏反应的宝宝，应停止食用蛋黄，至少6个月后才能尝试再次添加。

★添加辅食常见误区3：认为营养在汤里，光喝汤就行了

有的妈妈认为煲汤可以给宝宝提供最好的营养，因此只给宝宝喝菜汤、肉汤、鱼汤，甚至用汤来泡饭。殊不知，汤里的营养只有5%～10%，更多的营养其实都在肉里，无论怎样煮，汤的营养也远不如食物本身所含的营养多。

还有的妈妈习惯给宝宝喝煮的水果水和青菜水，认为这样可以补充维生素。其实，这种做法也是不科学的。经长时间煮过的青菜、水果，其大量维生素被破坏，营养价值早就已经所剩无几。

★添加辅食常见误区4：只给宝宝吃米粉，不吃五谷杂粮

有些妈妈只给宝宝吃米粉，认为米粉中的营养成分已经很全面了。但是，米粉是由精制的大米制成，大米在精制过程中，主要的营养成分已随外皮被剥离，最后剩下的只有淀粉。婴儿米粉中的营养大多是在后期加工中添加进去的，吸收效果肯定不如天然状态的营养好。时间长了，还会导致宝宝维生素B_1的缺乏；而维生素B_1在五谷杂粮中含量最高。所以，妈妈不能只给宝宝吃米粉，适当地吃一些五谷杂粮也是很有必要的。妈妈可以将燕麦、小米、玉米等熬成糊给宝宝食用。

4～6岁，给足营养让孩子健康成长

每个妈妈都希望自己的孩子能够吃饭乖乖的、身体棒棒的，为了给孩子提供充足的营养，不少妈妈选择为孩子大补特补，总是挑最好、最有营养的食物给孩子吃，可是这样做真的能达到事半功倍的效果吗？4～6岁的孩子活动量增大，生长发育逐渐成熟，需要的营养多自然毋庸置疑，但是这个阶段他们最需要的是均衡全面的营养餐，而非最贵最好的山珍海味。妈妈在给孩子补充营养的时候，应该做到有主有次、均衡补充才对，正所谓适合的才是最好的。

营养全面是孩子健康成长的基础

4～6岁的孩子对于食物的摄取开始变得较为固定，但是这个阶段的孩子对食物的选择也有了一定的自主性，且每个孩子对食物的喜好各不相同，常常是喜欢吃的就多吃，不喜欢吃的就少吃或干脆不吃，从而导致偏食、挑食及肥胖的发生，对此妈妈们可要留心了。

营养全面是孩子健康成长的基础，为孩子提供营养搭配均衡的膳食，才能保证营养的全面吸收。妈妈在为孩子制作膳食时，除了不断丰富食物的选择种类，还应根据孩子对营养素的需要，不断地进行调整，以纠正孩子挑食、偏食的坏毛病。在营养均衡、合理搭配的前提下，做到粗细搭配、荤素结合，如主食可米面杂粮搭配、谷豆结合；副食可蔬菜、水果、禽、肉、蛋等搭配，使食物互补，营养全面；黄豆中所含的蛋白

质属优质蛋白，每天的膳食中可安排一点豆制品；有色蔬菜如胡萝卜、西红柿、青菜等富含维生素 A，有利于提高孩子的免疫力、保护视力、保护呼吸道和胃肠道，所以也应经常搭配食用。

4 ~ 6 岁儿童的营养需求

当孩子具备了较好的吃饭能力的时候，也是进入幼儿园上学的阶段了，妈妈在为孩子的成长开心的同时，也不要忽略了孩子的营养需求哦。

★对蛋白质的需求。蛋白质是构成细胞组织的主要成分，是儿童生长发育所必不可少的物质。此时的孩子正处于生长发育的关键时期，蛋白质的供给尤为重要。除了保证每天蛋白质的摄入量在45克~55克外，还应特别注意摄入蛋白质的质量。高质量的蛋白质不但更易于孩子消化，而且只需摄入少量即可满足孩子对营养的需求。

★对热量的需求。热量对维持人体生理功能起着重要作用，只有保证充足的热量，才能满足孩子在基础代谢、生长发育、体力活动等方面的需要。这一阶段的儿童每日所需热量为1400千卡~1700千卡，可根据孩子的体重、活动量等因素确定其具体的热量需求，不要过多也不要过少。

★对脂肪的需求。脂肪是人体所必需的重要能源，体内脂肪由食物内脂肪供给或由摄入的碳水化合物和蛋白质转化而来。4~6岁的孩子每日膳食中脂肪的摄入量应占总热量的30%~35%。

有些妈妈会认为，油脂类不易于孩子消化，容易引起腹泻，不敢给孩子多吃。殊不知，膳食中缺乏脂肪，却会使孩子体重不增加、食欲差、易感染、皮肤干燥，甚至还会出现脂溶性维生素缺乏病。

★对碳水化合物的需求。碳水化合物也叫糖类，能为孩子的身体提供热量。碳水化合物的摄入需合理，过多或过少都对孩子的成长无益。这一阶段的儿童每日膳食中碳水化合物的热能摄入量以占总热量的50%~60%为好。

粮谷类、薯类、杂豆类等许多食物中除了含有大量淀粉外，还含有蛋白质、无机盐、B族维生素及膳食纤维等其他营养素。

★对维生素的需求。维生素对身体组织机能的调节起重要作用，但是大部分维生素由于无法在体内合成或是合成的量远远不够我们日常所需，需要通过食物来获取。孩子如果缺乏人体所必需的维生素就会很容易产生各种病症。因此，妈妈应多给孩子吃些水果、蔬菜、海产品、乳制品及动物肝脏等以补充每日所需维生素。

★对钙的需求。妈妈都希望孩子能够快快长个，而孩子长高主要是骨骼发育的结果，骨骼的增长需要大量的钙质。孩子每天需要的钙量约为800毫克，如果膳食中缺钙，儿童就会出现骨骼钙化不全的症状，如骨骼畸形、牙齿发育不良等。

③ 4～6岁儿童的营养饮食原则

虽然这个年龄段的儿童与婴幼儿期相比，生长发育的速度有所下降，但是他们对各类营养的需求量仍然很大，孩子的日常饮食依然不能被忽视。妈妈们了解一些相关的饮食原则很有必要，这对于孩子今后养成良好的饮食习惯大有裨益。

★食物多样化，营养要均衡

为了孩子身体的均衡发育，此时妈妈给孩子提供的膳食应是由多种食物所组成的平衡膳食，要确保米饭、蔬菜、水果、肉蛋奶等食物的均衡摄取，而不是一味地给孩子吃"好而精"的食物，即便是那些生活中极其普通的食物，如萝卜、白菜、香蕉、苹果等，也都是很有营养的食物。特别是谷类食物，更是人体能量的重要来源，能够为孩子提供丰富的膳食纤维、维生素、微量元素等多种营养物质，而且食物的多样化对促进食欲、引发孩子胃口和增强孩子的消化吸收能力也是很有帮助的。

★保证高蛋白、低脂肪食物的摄入

动物蛋白中的氨基酸有利于人体的吸收、利用，且其赖氨酸含量较高，可补充植物蛋白质赖氨酸的不足，对正处于生长发育期的儿童来说，是每日不可缺少的食物。妈妈要让孩子经常食用适量的鱼、禽、蛋、瘦肉，这些食物都是优质蛋白质、脂溶性维生素、矿物质的良好来源。

此外，保证奶制品的摄入也是必不可少的。随着宝宝的成长，奶已经不再是每日的主要食物了，但是由于儿童的骨骼还没有发育成熟，正处于生长阶段，每日对钙的需要量仍然很大，约为800毫克。因此，奶作为钙的优良食物来源还是应列入孩子的每日食谱中。每日饮用300毫升～600毫升的牛奶，可保证此阶段儿童对钙的摄入量达到适宜水平。

★多吃新鲜蔬菜和水果，多补充维生素C

蔬菜和水果，两者都不能互相替代。蔬菜品种丰富，维生素、矿物质、膳食纤维的含量要高于水果；水果可以补充蔬菜摄入的不足，碳水化合物、有机酸的含量高，且水果在食用前不需要加热，营养成分保留得较完好。

妈妈要让孩子多吃蔬果，特别是要多吃苹果、西红柿、萝卜、大枣等含维生素C丰富的蔬菜和水果。

★烹调要清淡、少油盐，少喝高糖饮料

虽然现在孩子已经可以吃大人的饭菜了，但是他们的消化系统仍然还较为敏感，如果经常喂咸辣的食物，会让孩子习惯口味重的食物，而养成挑食、偏食的坏习惯。妈妈在烹调食物时最好清淡，少盐、少油脂、不使用刺激性调味品，以保持食物的原汁原味。其实白开水才是给孩子最好的饮料，妈妈要及时督促孩子喝水哦。

★食量和体力活动要平衡

食物为人体提供能量，而体力活动则会消耗人体所储存的能量。如果儿童进食量过大而活动量不足，会造成多余能量以脂肪的形式沉积在体内，久之易引起肥胖；如果进食量不足而活动量过大，又会导致儿童生长发育迟缓、消瘦和抵抗力低下。所以，对于4～6岁正处于生长发育活动活跃的儿童来说，食量要与体力活动保持平衡。

宝宝成长必需的 20 种营养素

宝宝成长的每一步都离不开营养,家长们要放弃"吃得越多越好"的错误观点。那么,宝宝的成长最需要补充哪些关键营养素呢?

1 碳水化合物

碳水化合物的作用
碳水化合物能提供宝宝身体正常运作的大部分能量,起到保持体温、促进新陈代谢、驱动肢体运动、维持大脑及神经系统正常功能的作用。

食物来源
碳水化合物的主要食物来源有谷类、水果、蔬菜等,如水稻、小麦、玉米、燕麦、西瓜、香蕉、葡萄、胡萝卜、红薯等。

建议摄取量
1 岁以内的宝宝每日每千克体重需要 12 克碳水化合物,2 岁以上的宝宝每日每千克体重需要 10 克碳水化合物。

2 蛋白质

蛋白质的作用
蛋白质是生命的物质基础,是机体细胞的重要组成部分,是人体组织更新和修补的主要原料。宝宝生长发育比较快,充足的蛋白质是宝宝脑组织生长发育、骨骼生长等新组织形成的必需原料。

食物来源
蛋白质的主要来源是肉、蛋、奶和豆类食品,如牛肉、羊肉、猪肉、鸡肉、鸭肉、鹌鹑肉、鱼、虾、蟹等;蛋类,如鸡蛋、鸭蛋、鹌鹑蛋等;奶类,如牛奶、羊奶、马奶等;豆类,如黄豆、黑豆等。此外,芝麻、瓜子、核桃、杏仁、松子等干果类食品的蛋白质含量也很高。

建议摄取量

一般来说，新生足月的宝宝每天需要 630 毫升的母乳或 450 毫升的婴儿配方奶粉。平均每天 700 毫升 ~ 800 毫升的母乳或配方奶，基本就能满足 1 岁以内的宝宝身体发育所需的蛋白质。

3 脂肪

脂肪的作用

脂肪具有为人体储存并供给能量、保持体温恒定、缓冲外界压力、保护内脏等作用，并可促进脂溶性维生素的吸收，是身体活动所需能量的最主要来源。

食物来源

富含脂肪的食物有芝麻、开心果、核桃、松仁等干果，以及蛋黄、动物类皮肉、花生油、豆油等。油炸食品、面食、点心、蛋糕等也含有较高脂肪。

建议摄取量

0 ~ 6 个月的婴儿，推荐摄取量为总能量的 45% ~ 50%。6 个月的婴儿按每日摄入母乳 800 毫升计算，可获得脂肪 27.7 克，占总能量的 47%。6 个月 ~ 2 周岁的婴幼儿，每日推荐脂肪摄取量为总能量的 35% ~ 40%。2 周岁以后脂肪摄入量为总能量的 30% ~ 35%。

4 膳食纤维

膳食纤维的作用

膳食纤维有增加肠道蠕动、减少有害物质对肠道壁的侵害、促进大便的通畅、减少便秘及其他肠道疾病的发生、增强食欲的作用，能帮助宝宝建立正常排便规律，保持健康的肠胃功能，对预防成年后的许多慢性病也有好处。

食物来源

膳食纤维的食物来源有玉米、小米、大麦、柑橘、苹果、香蕉、洋白菜、菠菜、芹菜、胡萝卜、四季豆、豌豆、薯类和裙带菜等。

建议摄取量

4～8个月的宝宝，每天所需的膳食纤维量约为 0.5 克；1 岁左右的宝宝，每天所需的膳食纤维量约为 1 克；2 岁以上的宝宝，每天所需的膳食纤维量为 3～5 克。

5 维生素 A

维生素 A 的作用

维生素A具有维持人的正常视力、维持上皮组织健全的功能,可帮助皮肤、骨骼、牙齿、毛发健康生长，还能促进生殖功能的良好发展。

食物来源

富含维生素 A 的食物有鱼肝油、牛奶、胡萝卜、杏、西蓝花、木瓜、蜂蜜、香蕉、禽蛋、大白菜、西红柿、茄子、绿豆、芹菜、芒果、菠菜、洋葱等。

建议摄取量

0～1岁的宝宝每天维生素 A 的推荐摄取量约为 400 微克。母乳中含有较丰富的维生素 A，用母乳喂养的婴儿一般不需要额外补充。牛乳中维生素 A 的含量仅为母乳的一半，每天需要额外补充 150 微克～200 微克。1～3 岁的宝宝每日维生素 A 的适宜摄取量为 500 微克。

6 维生素 B_1

维生素 B_1 的作用

维生素 B_1 是人体内物质与能量代谢的关键物质，可以促进消化，还能增强记忆力。

食物来源

富含维生素 B_1 的食物有谷类、豆类、干果类、硬壳果类、蛋类及绿叶蔬菜。

建议摄取量

0～6个月的宝宝，维生素B_1的摄取量约为0.2毫克；6个月～1岁的宝宝，维生素B_1每日摄取量约为0.3毫克；1～3岁的宝宝，维生素B_1每日摄取量约为0.6毫克。

7 维生素 B₂

维生素 B₂ 的作用

维生素 B₂ 参与体内生物氧化与能量代谢，在碳水化合物、蛋白质、核酸和脂肪的代谢中起着重要的作用，可提高机体对蛋白质的利用率，促进宝宝发育和细胞的再生，帮助消除宝宝口腔内部、唇、舌的炎症，促进宝宝视觉发育，缓解眼睛疲劳。

食物来源

维生素 B₂ 的食物来源有奶类、肉类、谷类、新鲜蔬菜与水果等。

建议摄取量

0 ~ 6 个月宝宝每日适宜摄取量为 0.4 毫克，6 个月 ~ 1 岁宝宝每日适宜摄取量为 0.5 毫克，1 ~ 3 岁宝宝每日适宜摄取量为 0.6 毫克。

8 维生素 B₆

维生素 B₆ 的作用

维生素 B₆ 不仅有助于体内蛋白质、脂肪和碳水化合物的代谢，还能帮助转换氨基酸，形成新的红细胞、抗体和神经传递质，维持人体内硫和钾的平衡，以调节体液，并维持婴幼儿神经和肌肉骨骼系统的正常功能。

食物来源

维生素 B₆ 的食物来源很广泛，如绿叶蔬菜、黄豆、糙米、蛋、燕麦等。

建议摄取量

婴幼儿每天需要 1 毫克 ~ 2 毫克维生素 B₆，通过母乳或辅食即可满足需求。

9 维生素 B₁₂

维生素 B₁₂ 的作用

维生素 B₁₂ 作为人体重要的造血原料之一，能促进宝宝生长发育，预防贫血和维护神经系统健康，还能增强宝宝食欲、消除烦躁不安、集中注意力、提高记忆力和平衡性。

食物来源

富含维生素 B$_{12}$ 的食物包括动物的内脏，如牛羊的肝、肾、心，以及牡蛎等；维生素 B$_{12}$ 含量中等丰富的食物有奶及奶制品，部分海产品，如蟹类、沙丁鱼、鳟鱼等；维生素 B$_{12}$ 含量较少的食物有海产品中的龙虾、剑鱼、比目鱼、扇贝，以及发酵食物。

建议摄取量

0 ~ 1 岁的幼儿，每日的维生素 B$_{12}$ 摄取量为 0.5 微克；1 ~ 2 岁的幼儿，每日的维生素 B$_{12}$ 摄取量为 1.5 微克；2 岁以上的幼儿，每日的维生素 B$_{12}$ 摄取量为 2 微克。

10 维生素 C

维生素 C 的作用

维生素 C 可以促进伤口愈合、增强机体抗病能力，对维护牙齿、骨骼、血管、肌肉的正常功能有重要作用。

食物来源

维生素 C 主要来源于新鲜蔬菜和水果，如柑橘、草莓、猕猴桃、西红柿、豆芽、白菜、青椒等。

建议摄取量

0 ~ 1 岁宝宝每日摄取量为 40 毫克 ~ 50 毫克；1 ~ 3 岁宝宝每日摄取量为 60 毫克；4 ~ 7 岁宝宝每日摄取量为 70 毫克。母乳中含有丰富的维生素 C，每 100 毫升母乳中大约含有 6 毫克的维生素 C，基本可以满足宝宝身体发育的需要。宝宝添加辅食后，对维生素 C 的需求可以通过食物获得满足，爸爸妈妈只需要给宝宝多准备新鲜的蔬菜和水果即可。

11 维生素 D

维生素 D 的作用

维生素 D 是钙磷代谢的重要调节因子之一，可以提高机体对钙、磷的吸收，促进骨骼生长和钙化，健全牙齿，并可防止氨基酸通过肾脏排出体外。

维生素 D 的来源并不是很多，鱼肝油、小鱼干、动物肝脏、蛋类，以及添加了维生素 D 的奶制品等都含有较丰富的维生素 D。

建议摄取量

建议摄取量为每日 10 微克，可耐受最高摄取量为每日 20 微克。

12 维生素 E

维生素 E 的作用

维生素 E 是一种很强的抗氧化剂，有改善血液循环、保护视力、提高人体免疫等功效。

食物来源

含有丰富的维生素 E 的食物有核桃、芝麻、蛋、牛奶、黄豆、玉米、鸡肉、南瓜、西蓝花等。

建议摄取量

0 ~ 1 岁的宝宝，每日维生素 E 摄取量为 3 毫克；1 ~ 3 岁宝宝每日维生素 E 摄取量为 4 毫克。

13 维生素 K

维生素 K 的作用

维生素 K 可以让新生儿体内血液循环正常，对促进骨骼生长和血液正常凝固具有重要的作用。新生儿极易缺乏维生素 K。合理的饮食可以帮助宝宝摄取维生素 K，可以有效预防小儿慢性肠炎等疾病。

食物来源

鱼肝油、蛋黄、奶酪、海藻、藕、菠菜、甘蓝、莴笋、西蓝花、豌豆、大豆油等均是维生素 K 很好的膳食来源。

建议摄取量

维生素 K 有助于骨骼中钙质的新陈代谢，对肝脏中凝血物质的形成起着非常重要的作用。建议 0 ~ 1 岁婴幼儿每日维生素 K 摄取量为 10 微克 ~ 20

微克，1 ~ 11 岁儿童每日维生素 K 摄取量为 11 微克 ~ 60 微克。

14 钙

钙的作用

钙是构成人体骨骼和牙齿硬组织的主要元素，除了可以强化牙齿及骨骼外，还可维持肌肉神经的正常兴奋、调节细胞及毛细血管的通透性、强化神经系统的传导功能等。

食物来源

钙的来源很丰富，乳类与乳制品、豆类与豆制品、海产品、肉类与禽蛋、蔬菜类、水果与干果类大多都含有丰富的钙元素。

建议摄取量

0 ~ 6 个月的宝宝，每日钙的摄取量为 300 毫克；6 个月 ~ 1 岁的宝宝，每日钙的摄取量为 400 毫克；1 ~ 3 岁的宝宝，每日钙的摄取量为 600 毫克；4 ~ 10 岁的宝宝，每日钙的摄取量为 800 毫克。

15 铁

铁的作用

铁元素在人体中具有造血功能，参与血红蛋白、细胞色素及各种酶的合成，促进生长；铁还在血液中起运输氧和营养物质的作用；人的颜面泛出红润之美，离不开铁元素。

食物来源

食物中含铁丰富的有动物肝脏、动物肾脏、瘦肉、蛋黄、鸡肉、鱼、虾和豆类。绿叶蔬菜中含铁较多的有菠菜、芹菜、西红柿等。水果中以杏、桃、李、红枣、樱桃等含铁较多，干果中以葡萄干、核桃等含铁较多。

建议摄取量

0 ~ 6 个月的宝宝每日铁的摄取量为 0.3 毫克，6 个月 ~ 1 岁的宝宝每日铁的摄取量 10 毫克，1 ~ 4 岁的宝宝每日铁的摄取量为 12 毫克，4 ~ 11 岁的儿童每日铁的摄取量为 12 毫克。

16 锌

锌的作用

锌在核酸、蛋白质的生物合成中起着重要作用，还参与碳水化合物和维生素 A 的代谢过程，能维持胰腺、性腺、脑下垂体、消化系统和皮肤的正常功能。缺锌会导致宝宝生长发育缓慢，使其身高、体重均落后于同龄孩子。

食物来源

一般蔬菜、水果、粮食均含有锌，如牡蛎、瘦肉、西蓝花、白萝卜等。

建议摄取量

建议 0 ~ 10 岁儿童每日摄入 10 毫克的锌。母乳中的锌吸收率高，可达62%，比牛乳中的锌更易被吸收利用，母乳是预防宝宝缺锌的好途径。

17 硒

硒的作用

硒能清除体内自由基、排除体内毒素、抗氧化、有效抑制过氧化脂质的产生、防止血凝块、清除胆固醇、增强人体免疫功能。

食物来源

硒主要来源于猪肉、鲜贝、海参、鱿鱼、龙虾、动物内脏、大蒜、蘑菇、黄花菜、洋葱、西蓝花、甘蓝、芝麻、白菜、南瓜、白萝卜、酵母等。

建议摄取量

人体对硒的需求量很少，一般情况下，宝宝对硒的日摄入量在 180 微克 ~ 350 微克，过多或缺少都会影响宝宝身体健康。

18 钾

钾的作用

钾可以调节细胞内的渗透压和体液的酸碱平衡，还参与细胞内糖和蛋白质的代谢。其有助于维持神经健康、心跳规律正常，可以协助肌肉正常收缩。

食物来源
含钾丰富的食物有猕猴桃、香蕉、草莓、柑橘、紫菜、鸡肉、牛奶等。

建议摄取量
0～6个月的宝宝，每日钾的摄取量为350毫克～925毫克；6个月～1岁的宝宝，每日钾的摄取量为425毫克～1275毫克；1～3岁的宝宝，每日钾的摄取量为550毫克～1650毫克；4～7岁的宝宝，每日钾的摄取量为775毫克～2325毫克。

19 铜

铜的作用
铜为体内多种重要酶系的成分，能够促进铁的吸收和利用，预防贫血，还能促进大脑发育。

食物来源
食物中铜的丰富来源有口蘑、芝麻酱、核桃、黄豆、板栗、坚果等。

建议摄取量
宝宝开始添加辅食后，为满足成长需要，每日应摄入约2毫克的铜。

20 碘

碘的作用
婴幼儿时期是宝宝体格生长发育以及脑细胞发育的关键期，宝宝对碘营养是否摄取充足，对宝宝身高、体重、肌肉、骨骼的增长以及智力水平的发育都会有重要影响。

食物来源
海洋生物含碘量很高，主要食物有海带、紫菜、蛋、奶等。

建议摄取量
0～3岁的宝宝，每日碘的需求量为40微克～70微克；3岁以上的宝宝，每日碘的需求量为90毫克～120毫克。

第二章

6个月：
宝宝的第一口辅食

妈妈应注意的问题

一般来说，6个月是添加辅食的最佳时期，在宝宝6个月大以后，身体所需的各种营养元素不能从母乳中完全获得，这时便需要辅食的帮助。除了从中获得所需的营养，这个阶段宝宝口腔小肌肉开始发育，是锻炼咀嚼能力的关键时期，及时添加辅食有利于今后语言能力的发展。

宝宝发出"我要吃辅食的信号"

这个时候，家长不应仅仅关心宝宝的月龄，还需要观察宝宝是否有这样一些表现，给爸爸妈妈发出"我要吃辅食啦"的小信号：

大人吃东西的时候，宝宝一直盯着看，吞咽、流口水、咂嘴巴，伸手去抓大人的食物；

宝宝玩玩具的时候，经常把玩具都放到嘴里，模仿大人吃东西的样子；

在6个月大的阶段，宝宝有段时间体重增长偏缓，这也是应该添加辅食的信号。

② 掌握添加辅食的原则

　　最开始给宝宝添加辅食的时候，一天只能喂一次，而且需要在两次喂奶之间，量不要大，1汤匙就可以了。开始可以用温开水稀释，并观察宝宝的接受程度、大便是否正常、有无其他不良反应等，等到宝宝适应之后再逐渐增加。依照宝宝的营养需求和消化能力，遵照循序渐进的原则进行添加。

　　一种辅食应该经过 5～10 天的适应期，观察宝宝对这种食物的消化能力、是否过敏等。如果宝宝消化良好，再添加另一种食物，适应后再由一种食物过渡到多种食物混合食用。

扫一扫学做菜

南瓜泥 ⏱ 时间: 15分钟

---- 主料 ----　　　　　---- 辅料 ----

南瓜　　　　300克　　　水　　　　600毫升

---- 做法 ----

1 南瓜去皮，切成小块，放入蒸盘中，备用。

2 锅中倒入水600毫升，放上蒸帘，盖上锅盖，煮至沸腾。

3 揭盖，放入南瓜，蒸至南瓜熟透。

4 取出南瓜，用勺子压成泥状，装碗即可享用啦。

专家叮咛

　　南瓜含有蛋白质、胡萝卜素、维生素、锌、钙、磷等营养成分，其中胡萝卜素对宝宝视力有很好的保护作用，可以适当给宝宝食用。

香蕉泥

时间：7分钟

主料

香蕉	150 克

辅料

水	600 毫升

做法

1 香蕉去皮，切成小块，放入蒸盘中，备用。

2 锅中倒入水600毫升，放上蒸帘，盖上锅盖，煮至沸腾。

3 揭盖，放入香蕉，蒸至熟透。

4 取出香蕉，用勺子压成泥状，装碗即可享用啦。

专家叮咛

香甜软滑的香蕉非常适合刚开始添加辅食的宝宝食用，它不仅含有糖类、维生素等营养成分，还能增强宝宝的免疫力。

扫一扫学做菜

扫一扫学做菜

苹果胡萝卜泥

🕐 时间：8分钟

---·—— 主料 ——·---

苹果	150 克	水	600 毫升
胡萝卜	80 克		

---·—— 做法 ——·---

1 苹果去皮，去核，切小块；胡萝卜去皮，切小块。

2 将苹果和胡萝卜装入蒸盘，备用。

3 锅中倒入水600毫升，放上蒸帘，盖上锅盖，煮至沸腾。

4 揭盖，放入装有苹果和胡萝卜的蒸盘，蒸至食材熟透，取出蒸盘，将胡萝卜和苹果取出，放入料理机中打成泥状，盛出即可享用啦。

专家叮咛

　　苹果中所含的纤维素，能使大肠内的粪便变软，利于排便。苹果还含有丰富的有机酸，可刺激胃肠蠕动，促使大便通畅。

黑芝麻核桃糊

⏱ 时间：19分钟

主料

大米	30 克
核桃仁	20 克
熟黑芝麻	20 克

辅料

水	550 毫升

做法
---

1 大米装碗，加入水300毫升，浸泡1小时，捞出沥干，备用。

2 锅中放入大米、核桃仁，不断翻炒，至水分蒸发，再慢慢翻炒至大米微黄，核桃仁完全脱水。

3 盛出锅中的炒料，倒入研磨机中，再加入熟黑芝麻20克，打成粉末，备用，再手动开火。

4 锅中倒入水250毫升，加入黑芝麻核桃粉，不断搅拌至浓稠即可。

专家叮咛

　　核桃健脑益智效果非常好，还可补充维生素A，将其制成米糊，适合宝宝食用，能促进宝宝骨骼生长，让宝宝更聪慧。

西蓝花糊

🕐 时间：5分钟

主料

西蓝花	60 克
米粉	20 克
水	460 毫升

做法

1 西蓝花切成小块，备用。

2 锅中倒入水300毫升，烧开，放入西蓝花，焯水3分钟，捞出沥干，备用。

3 将西蓝花放入破壁机，加入水100毫升，打成泥状，备用。

4 锅中倒入水60毫升，加入西蓝花泥、米粉20克，不断搅拌，直至顺滑无颗粒，盛出装碗即可享用啦。

专家叮咛

西蓝花富含叶酸、膳食纤维等，打成泥与米粉搭配，更利于宝宝消化吸收。

苹果米糊

 时间：24分钟

主料

苹果	50 克
大米粉	20 克
水	1300 毫升

专家叮咛

苹果营养丰富，含多种维生素、钾、钙、铁和丰富的膳食纤维，尤其是水溶性膳食纤维果胶，能预防便秘，长期适量食用对身体大有好处。

做法

1 用清水将大米粉冲为米糊；苹果去皮，去核，切小块，装入蒸盘，备用。

2 锅中倒入水1200毫升，放上蒸帘，盖上锅盖，煮至沸腾。

3 揭盖，放入装有苹果的蒸盘，盖上锅盖，蒸至苹果熟透。

4 取出蒸盘，将苹果按压成苹果泥，备用，将锅洗干净，再手动开火。

5 锅中倒入水100毫升，放入苹果泥，倒入冲好的大米糊，搅拌均匀。

6 盛出装碗即可享用啦。

南瓜小米糊

🕐 时间：45分钟

─── 主料 ───

南瓜	120克
小米	50克
水	1800毫升

专家叮咛

南瓜富含的碳水化合物与各种维生素都极为丰富，还含有钙、磷、铁、锌等微量元素，有助于增强婴儿的免疫力。

─── 做法 ───

1 南瓜洗净，切小片，放入蒸盘，备用。

2 小米装碗，倒入水300毫升，浸泡1小时，洗净，捞出沥干，备用。

3 锅中倒入水1000毫升，放上蒸帘，盖上锅盖，煮至沸腾。

4 揭盖，放入装有南瓜的蒸盘，盖上锅盖，蒸至南瓜熟透。

5 取出蒸盘，将南瓜按压成南瓜泥，再手动开火。

6 锅中倒入水500毫升，放入小米、南瓜泥，拌匀，炖熟后盛出装碗即可享用啦。

玉米菠菜糊

⏱ 时间：3分钟

主料

米粉	10克	菠菜叶	20克
玉米粒	20克	水	110毫升

做法

1 将玉米粒、菠菜洗净，放入破壁机，加入水60毫升，捣成泥状，盛出备用。

2 锅中倒入水50毫升，放入菠菜玉米泥，再加入米粉10克，加热并不断搅拌，直至无颗粒状。

3 盛出装碗即可享用啦。

专家叮咛

　　菠菜具有养血止血、敛阴润燥、促进肠道蠕动、利于排便的功效，还能促进生长发育，增强抗病能力，非常适宜宝宝食用。菠菜以挑选叶色较青、新鲜、无虫害的菠菜为宜。

菠菜米糊

🕐 时间：4分钟

菠菜	20 克	水	140 毫升
米粉	5 克		

1 将菠菜洗净，放入破壁机，加入水40毫升，打成菠菜汁，备用。

2 锅中倒入水100毫升，放入米粉，加热不停搅拌成无颗粒糊状。

3 放入菠菜汁，拌匀。

4 盛出装碗即可享用啦。

专家叮咛

　　菠菜营养价值高，能够促进身体发育，增强自身抗病能力，而且菠菜中的胡萝卜素能够在身体内转化为维生素A，这能保护宝宝视力，增强预防传染病的能力，增强宝宝体质。

第三章

7～9个月，
尝试吃蛋黄小手自己来

妈妈应注意的问题

1 有的宝宝已经长牙

一般来说，7～9个月是宝宝乳牙萌发的主要时间段。对于已经长牙的宝宝，妈妈在给宝宝准备的辅食中，应注意食物性状能满足宝宝咀嚼功能的锻炼，比如菜泥、果泥、肉泥可以做得粗糙一些，以便于磨牙。

2 宝宝的食物不宜太过精细

粗粮中含有精米白面中缺少的 B 族维生素，营养全面，给宝宝适当吃些粗粮，可以锻炼宝宝的咀嚼功能和肠胃功能。但是每日粗粮喂养量不宜超过 15 克，并且可以粗粮细作，可以煮粥、磨粉做糊做泥。

3 添加辅食后，宝宝开始厌奶怎么办

　　有的宝宝在添加辅食后不吃奶，一是添加辅食的时间不恰当，过早或者过晚；二是添加辅食不合理，如辅食口味比较重，使宝宝的口味发生了改变，不再对淡而无味的奶感兴趣；三是添加辅食的量与奶量搭配不当，妈妈应及时做出调整。

4 宝宝食欲减退或者厌食怎么办

　　宝宝在适应了辅食之后的某个阶段，突然出现不想吃辅食的情况，首先排除宝宝生病、情绪不佳等因素，有可能是饮食、睡眠规律被打乱，也可能是出牙引起的不适。此时一定要注意，不能强迫宝宝进食，这样会使宝宝产生逆反心理。

蛋黄糊 ⏱ 时间：2分钟

主料

熟鸡蛋　　50克（1个）　　温配方奶 150 毫升（35~40 克
米粉　　　　　　15克　　　奶粉）

做法

1 将熟鸡蛋剥壳，取出蛋黄，将一半的蛋黄研磨成细粉，备用。

2 牛奶装碗，加入米粉，搅拌成米浆，备用。

3 锅置于灶上，烧热。

4 锅中缓缓倒入米浆，边搅边拌，再加入蛋黄粉，不停搅拌成均匀
的糊状，盛出装碗即可享用啦。

专家叮咛

　　蛋黄中的维生素和铁、钙、钾的含量很高，多食用这道蛋黄糊，可以有效补充铁元素，预
防小儿贫血。

鸡蛋燕麦糊

时间：7分钟

主料

鸡蛋	50克（1个）	燕麦片	30克
婴儿奶粉	20克	水	120毫升

做法

1. 取一空碗，打入鸡蛋1个，加入婴儿奶粉20克，再倒入水20毫升，搅拌均匀，成奶糊，备用。
2. 锅中倒入水100毫升，放入燕麦片、奶糊，搅拌均匀，炖煮。
3. 盛出装碗即可享用啦。

专家叮咛

鸡蛋富含营养，儿童常食，可有效增强免疫力，还有健脑的功效。

扫一扫学做菜

土豆青豆泥

时间：20分钟

扫一扫学做菜

主料

土豆	100 克	水	1000 毫升
青豆	80 克		

做法

1 土豆去皮，切小块，备用；青豆洗净，备用。

2 将土豆、青豆装入蒸碗，备用。

3 锅中倒入水1000毫升，放上蒸帘，放上装有食材的蒸碗，盖上锅盖，蒸至食材熟透。

4 揭盖，取出蒸碗，将土豆和青豆捣成泥状，拌匀后即可享用啦。

专家叮咛

青豆中含有大量宝宝发育所需的蛋白质，以及各种维生素。食用青豆可以为宝宝提供维生素和蛋白质，提高宝宝的免疫力。

水果泥

⏱ 时间：4分钟

主料

香蕉	50 克	凤梨	10 克
苹果	50 克	水	20 毫升
哈密瓜	50 克		

做法

1 将香蕉去皮，切小段，再捣成泥，备用。

2 苹果、哈密瓜、凤梨切细丁，备用。

3 将苹果丁、哈密瓜丁、凤梨丁放入破壁机，加入水20毫升，打至细腻。

4 锅中倒入打好的水果泥，加入香蕉泥，加热搅拌至浓稠，盛出即可。

专家叮咛

选购哈密瓜时，皮色越黄成熟度越好。哈密瓜不易变质，易于储存。但若是已经切开的哈密瓜，则要尽快食用。

扫一扫学做菜

燕麦南瓜泥

⏱ 时间: 8分钟

主料

燕麦	25 克	南瓜	150 克
水	620 毫升		

做法

1 南瓜去皮，切成小块，装入蒸碗，备用。

2 另取一蒸碗，加入燕麦，再倒入水20毫升，备用。

3 锅中倒入水600毫升，放上蒸帘，盖上锅盖，煮至沸腾。

4 揭盖，分别放入装有南瓜和燕麦的蒸碗，蒸至食材熟透后，取出两个蒸碗，倒入装有燕麦的碗中，用勺子将南瓜压成泥状，混合均匀后即可享用啦。

专家叮咛

　　南瓜含有胡萝卜素、维生素、果胶、钴、锌等营养成分，具有维持正常视力、促进骨骼发育、清热解毒等功效，可以促进宝宝视力和骨骼发育。

蔬菜豆腐泥

⏱ 时间：4分钟

主料

菠菜	10 克	冻豆腐	15 克
白菜	10 克	水	380 毫升

做法

1 锅中倒入水300毫升，烧开，放入菠菜，焯水1分钟，捞出沥干，备用；再放入白菜，焯水1分钟，捞出沥干，备用。

2 将菠菜、白菜切成碎末，备用；冻豆腐擦成细末，备用。

3 锅中倒入水80毫升，加入冻豆腐、菠菜、白菜，混合均匀，炖煮至泥糊状。

4 盛出装碗即可享用啦。

专家叮咛

　　豆腐营养丰富，含有铁、钙、磷、镁等人体必需的多种微量元素，还含有糖类、植物油和丰富的优质蛋白，有利于孩子的生长发育。

扫一扫学做菜

虾仁豆腐泥

🕐 时间：8分钟

主料

豆腐	100 克	胡萝卜	20 克
基围虾	40 克	水	450 毫升

做法

1 基围虾去壳，去头，去虾线，剁成虾泥；胡萝卜去皮，切末，备用。

2 锅中倒入水300毫升，烧开，放入豆腐，焯水1分钟，捞出沥干，碾成豆腐泥，备用。

3 锅中倒入水150毫升，放入豆腐泥，炖煮。

4 放入虾泥、胡萝卜末，搅拌均匀，继续炖煮至熟透入味，盛出装碗即可享用啦。

专家叮咛

豆腐除有增加营养、帮助消化、增进食欲的功能外，对牙齿、骨骼的生长发育也颇为有益。

西蓝花土豆泥

⏱ 时间：17分钟

主料

土豆	120 克	食用油	5 毫升
西蓝花	50 克	水	1500 毫升

做法

1 土豆去皮，切小块，备用；西蓝花切小朵，备用。

2 锅中倒入水300毫升，放入食用油5毫升，烧开，放入西蓝花，焯水3分钟，捞出沥干，备用。

3 将土豆和西蓝花装入蒸碗，备用。

4 锅中倒入水1200毫升，放上蒸帘，放上装有食材的蒸碗，盖上锅盖，蒸至食材熟透，盛出装碗即可享用啦。

专家叮咛

土豆中的大量膳食纤维能帮助机体及时排泄代谢毒素，对小儿腹泻患者有较好的食疗作用。

扫一扫学做菜

茄子泥

🕐 时间：17分钟

扫一扫学做菜

<table>
<tr><td colspan="2">主料</td></tr>
</table>

茄子	100克
米粉	20克
水	900毫升

专家叮咛

茄子含有碳水化合物、维生素以及钙、磷、铁等多种营养成分，煮熟后软软的，非常适合刚出牙的宝宝食用。

做法

1 茄子切2厘米厚的片，再去皮，去瓤，备用。

2 锅中倒入水800毫升，煮至沸腾，放入茄子，炖煮至熟软。

3 揭盖，取出茄子，沥干，捣成泥状，备用。

4 锅中倒入水100毫升，加入米粉20克，搅拌成糊状。

5 倒入茄子泥，搅拌均匀。

6 盛出即可享用啦。

蛋黄泥

时间: 17分钟

主料

鸡蛋	150克（3个）	水	1200 毫升
温水	10 毫升		

做法

1 将食材备好。

2 锅中倒入水1200毫升，放上蒸帘，放入装有鸡蛋的蒸盘，盖上锅盖，蒸至鸡蛋熟透。

3 揭盖，取出鸡蛋，剥壳取蛋黄，将蛋黄装碗，先捣成泥状，再加入温水10毫升，碾至细腻后，装碗即可享用啦。

专家叮咛

　　蛋黄中含有脂肪和优质的亚油酸等，是宝宝脑细胞增长不可缺少的营养；蛋黄中还含有丰富的卵磷脂，这是宝宝神经系统发育的必需营养素。1岁以内的宝宝一般建议每天食用1个蛋黄为宜。

扫一扫学做菜

草莓香蕉奶糊

时间：4分钟

主料

香蕉	100 克	温配方奶 150 毫升（35~40 克
草莓	50 克	奶粉）

做法

1 香蕉去皮，切小块，备用；草莓洗净，切成丁，备用。

2 将香蕉装碗，用勺子压成香蕉泥，备用。

3 锅中倒入温配方奶150毫升，加入草莓丁、香蕉泥，拌匀，炖煮成糊。

4 盛出装碗即可享用啦。

专家叮咛

香蕉的营养非常丰富，其含有丰富的蛋白质、脂肪、碳水化合物、粗纤维、钙、磷、铁以及各种维生素。此外，其含有丰富的可溶性纤维，也就是果胶，可帮助消化，调整肠胃机能。

蛋黄青豆糊

时间: 4分钟

主料

青豆	50克	米粉	10克
蛋黄	20克	水	450毫升

做法

1 锅中倒入水300毫升，烧开，放入青豆，焯水至青豆熟软，捞出沥干，备用。

2 将青豆放入破壁机，加入水100毫升，加打碎成泥，备用。

3 青豆泥装碗，加入蛋黄，拌匀，备用。

4 锅中倒入水50毫升，加入拌好的青豆泥，加入米粉10克，不断搅拌，直至顺滑无颗粒，盛出装碗即可享用啦。

专家叮咛

　　青豆含有丰富的蛋白质、叶酸、膳食纤维和人体必需的多种氨基酸等营养成分，儿童经常食用有助于强筋健骨。

扫一扫学做菜

肉蔬糊

🕐 时间：17分钟

主料

胡萝卜	50 克
瘦肉末	30 克
土豆	30 克
水	2520 毫升

专家叮咛

胡萝卜中含有多种维生素，尤其是维生素 A 的含量十分丰富，有养眼明目的效果，对宝宝的健康是非常有益的。

扫一扫学做菜

做法

1 胡萝卜去皮，切细丁；土豆去皮，切细丁。

2 将胡萝卜、土豆装入蒸碗，备用。

3 锅中倒入水1500毫升，放上蒸帘，放上装有胡萝卜和土豆的蒸碗，盖上锅盖，蒸至熟透。

4 取一空碗，放入胡萝卜、土豆，捣成泥状，再加入瘦肉末、水20毫升，拌匀，装入蒸碗，备用。

5 锅中倒入水1000毫升，放上蒸帘，放上装有肉泥的蒸碗，盖上锅盖，蒸至熟透。

6 取出装碗即可享用啦。

红枣枸杞米糊

时间：3分钟

主料

大米	50克	枸杞	1克
去核红枣	10克	水	500毫升

做法

1. 大米装碗，加入水300毫升，浸泡2小时，洗净，捞出沥干，备用。

2. 红枣、枸杞用温水泡发后，捞出沥干，备用。

3. 将大米、红枣、枸杞放入破壁机中，加入水100毫升，打成米糊。

4. 锅中倒入水100毫升，放入打好的米糊，加热并不断搅拌，煮至沸腾，盛出即可。

专家叮咛

红枣含有丰富的A、B族维生素、维生素C等人体必需的多种维生素和18种氨基酸、矿物质，可提高人体免疫力，保护肝脏，促进幼儿发育生长。

扫一扫学做菜

山药鸡丁米糊 ⏱ 时间: 5分钟

主料

山药	50克	鸡胸肉	15克
大米粉	30克	水	320毫升

做法

1. 将山药去皮，洗净，切成片条，再改刀切成丁，放入碗中备用；鸡胸肉洗净，切成薄片，再剁成肉泥，备用。

2. 将山药装入破壁机中，加入水20毫升，将山药打成山药汁，盛出备用。

3. 锅中倒入水300毫升，倒入山药汁，大米粉，再加入鸡肉泥，搅拌拌匀，炖煮成糊。

4. 盛出装碗即可享用啦。

专家叮咛

山药含有大量的蛋白质和维生素，可以增强体质。特别是在夏季没有食欲的宝宝，坚持吃一段时间的山药，能够促进身体健康，且不易长胖。

第四章

10～12个月，
颗粒大点也不怕

妈妈应注意的问题

 宝宝自己吃饭的准备工作

    首先，要给宝宝准备一套自己吃饭的工具，大到宝宝座椅，小到宝宝吃饭用的餐具。餐具可以根据宝宝不同的发育阶段多准备几套，初级的碗最好底部有吸盘，这样宝宝不容易打翻，再替换成带双耳的碗，让宝宝可以一手握着固定吃，最后换成普通的碗。

2 **让宝宝和大人一起吃饭**

    让宝宝每日三餐和大人一起吃饭，可以刺激宝宝模仿大人的样子练习咀嚼能力。

    宝宝学会自己使用勺子吃饭，大人要做好示范，在宝宝面前做夸张的动作和表情，演示如何使用勺子舀取食物、送入口中、咀嚼食物这一个完整的进食过程。

刚开始，宝宝会从用勺子戳食物、捣食物的过程中找到乐趣，大人不要认为这是宝宝在玩，不好好吃饭，就马上阻止，宝宝的很多能力都是在玩的过程中建立的。

③ 预防宝宝断奶后发生便秘

断奶后的宝宝容易出现便秘，妈妈要留心宝宝的排便情况，以防宝宝断奶后发生便秘。

橙子南瓜羹

🕐 时间：4分钟

主料

橙子	100 克	水	450 毫升
南瓜	100 克		

做法

1 橙子去皮，果肉切细丁，备用；南瓜切小块。

2 锅中倒入水300毫升，烧开，放入南瓜，煮15分钟，捞出沥干，捣成南瓜泥，备用。

3 锅中倒入水150毫升，炖煮。

4 放入南瓜泥、橙子肉，拌匀，继续炖煮至泥糊状，撇去浮沫，盛出装碗即可享用啦。

专家叮咛

这道辅食味道甘甜，还带点酸味，有止渴、开胃的功效，很适合在宝宝胃口不佳时食用。

小米土豆粥 ⏱ 时间: 21分钟

主料

小米	30 克	水	800 毫升
土豆	100 克		

做法

1 小米装碗，加入水300毫升，浸泡1小时，洗净，捞出沥干，
备用。

2 土豆去皮，切粒，备用。

3 锅中倒入水500毫升，放入小米，炖煮。

4 放入土豆粒，继续炖煮至熟透呈糊状，盛出装盘即可享用啦。

专家叮咛

小米含蛋白质、脂肪、铁和维生素等，消化吸收率高，是幼儿的营养食品。

扫一扫学做菜

果味麦片粥

🕐 时间：10分钟

------ 主料 ------

猕猴桃	40 克
燕麦片	30 克
圣女果	20 克
葡萄干	10 克

------ 辅料 ------

水	650 毫升
温配方奶	150 毫升
（35~40 克奶粉）	

扫一扫学做菜

------ 做法 ------

1 圣女果去皮，切细丁，备用；猕猴桃去皮，切细丁，备用。

2 锅中倒入水500毫升，煮沸，再放入燕麦片，炖煮。

3 放入葡萄干，炖煮至黏稠，再放入猕猴桃20克、圣女果10克，搅拌均匀。

4 盛出装碗，倒入温配方奶150毫升，撒上猕猴桃20克、圣女果10克即可享用啦。

专家叮咛

　　猕猴桃味道可口，能够让人开胃，增加食欲。所以，宝宝食欲不大好的时候，特别适合吃一些猕猴桃。

山楂银耳羹

🕐 时间：25分钟

--------- 主料 ---------

鲜银耳	70 克
橙子	80 克
鲜山楂	10 克

--------- 辅料 ---------

| 黄冰糖 | 2 克 |
| 水 | 300 毫升 |

专家叮咛

　　橙子含有大量维生素C和胡萝卜素，搭配山楂、银耳和冰糖煮成糖水，有健胃消食、润肺的功效。如果宝宝有便秘现象可以少量食用。

--------- 做法 ---------

1 将银耳清洗干净，撕成小朵。

2 将山楂去核、切丁，备用。

3 橙子去皮，切段。

4 锅中倒入水300毫升，放入银耳，盖上锅盖，炖煮。

5 揭盖，放入橙子、山楂，继续炖煮。

6 放入黄冰糖2克，继续炖煮至冰糖融化，盛出装碗即可享用啦。

油菜鱼肉粥

🕐 时间：20分钟

———— 主料 ————

比目鱼	10 克
油菜叶	10 克
大米	10 克
水	900 毫升

扫一扫常用菜

🐻 专家叮咛

　　比目鱼含有非常丰富的蛋白质，是人体所需要的营养物质，可以提高人体的免疫力。

———— 做法 ————

1　比目鱼去皮，去骨，剁成鱼泥，备用。

2　锅中倒入水300毫升，烧开，放入洗好的油菜叶，焯水2分钟至熟软，捞出沥干，切碎，备用。

3　大米装碗，倒入水300毫升，浸泡3小时，捞出沥干，备用。

4　锅中倒入水300毫升，加入泡好的大米，盖上锅盖，炖煮。

5　放入比目鱼、油菜碎，搅拌均匀，炖煮。

6　盛出即可享用啦。

鲈鱼嫩豆腐粥

⏱ 时间：18分钟

---- 主料 ----

大米	30 克
鲈鱼	30 克
嫩豆腐	10 克
水	1300 毫升

专家叮咛

　　鲈鱼不仅营养丰富，而且肉质细嫩，刺少，易消化，很适合肠胃功能薄弱的宝宝食用。

---- 做法 ----

1 鲈鱼去皮，去刺，切块，备用；嫩豆腐洗净，备用。

2 锅中倒入水600毫升，放上蒸帘，放上装有鲈鱼和嫩豆腐的蒸盘，蒸至熟透。

3 取出蒸碗，将鲈鱼和嫩豆腐捣成泥状，备用。

4 大米装碗，加入水300毫升，浸泡3小时，捞出沥干，备用。

5 锅中倒入水400毫升，加入泡好的大米，炖煮。

6 放入拌好的鱼泥、豆腐泥，搅拌均匀，盛出装碗即可享用啦。

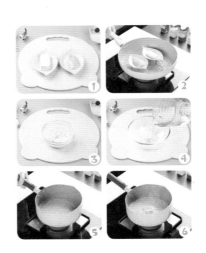

鳕鱼粥

🕐 时间：39分钟

------ 主料 ------

鸡蛋	50克（1个）
鳕鱼	30克
大米	30克
青菜	10克
玉米渣渣	3克
水	2250 毫升

专家叮咛

　　鳕鱼不仅有非常丰富的营养，而且还能提高身体的免疫力，给宝宝吃，能促进宝宝脑部的发育。

------ 做法 ------

1 鳕鱼切块，装入蒸盘，备用；青菜切碎。

2 大米装碗，加入水300毫升，浸泡3小时，捞出沥干，备用；玉米渣渣装碗，倒入水300毫升，浸泡30分钟，备用。

3 取一空碗，打入鸡蛋1个，打散，备用。

4 锅中倒入水1000毫升，煮至沸腾，揭盖，放入装有鳕鱼的蒸碗，蒸至熟透，取出，捣成鱼泥。

5 锅中倒入水650毫升，加入大米、玉米渣渣，搅拌均匀，炖煮至熟软，放入青菜碎、鱼泥，拌匀。

6 淋入蛋液，拌匀，盛出装碗即可享用啦。

青菜肉末粥

⏱ 时间: 27分钟

· 主料 ·

| 肉末 | 50 克 | 青菜 | 20 克 |
| 大米 | 20 克 | 水 | 1000 毫升 |

· 做法 ·

1. 大米装碗，加入水500毫升，浸泡30分钟，洗净，捞出沥干，备用；青菜切末。

2. 锅中倒入水500毫升，加入大米，偶尔搅动一下，炖煮至大米软烂。

3. 待米粒软烂成糊状后，加入肉末，搅匀，再加入青菜末，拌匀，煮至熟透。

4. 盛出装碗即可享用啦。

专家叮咛

猪肉含有丰富的蛋白质及脂肪、碳水化合物、钙、磷、铁等成分，可促进孩子的生长发育。

扫一扫学做菜

素蒸三鲜豆腐

⏱ 时间: 12分钟

主料

老豆腐	150 克
鸡蛋	50 克（1 个）
胡萝卜	15 克
面包糠	15 克
水	1800 毫升

专家叮咛

豆腐不仅能补充人体所需的铁、镁、钾、铜、钙等矿物质以及维生素，还能提高身体免疫力，促进骨骼生长和大脑神经细胞发育。

做法

1. 豆腐切2厘米大小的块，备用；胡萝卜切丁。取一空碗，打入鸡蛋1个，打散，备用。

2. 锅中倒入水600毫升，烧开，放入豆腐，焯水1分钟，捞出沥干；再将胡萝卜焯水1分钟，捞出沥干，备用。

3. 将豆腐装碗，捣成泥状，备用。

4. 取一蒸碗，加入胡萝卜丁、豆腐泥、面包糠，加入搅拌均匀的鸡蛋液，搅拌均匀，备用。

5. 锅中倒入水1200毫升，放上蒸帘，盖上锅盖，煮至沸腾。

6. 揭盖，放入装有食材的蒸碗，盖上锅盖，蒸至熟透后，揭盖取出即可享用啦。

扫扫学做菜

水蒸鸡蛋羹

🕐 时间：9分钟

主料

鸡蛋   50克（1个）
葱   5克（1/2根）

辅料

水   1070 毫升

专家叮咛

鸡蛋中富含DHA和卵磷脂、卵黄素，对神经系统和身体发育有利，能健脑益智。

做法
---

1 取一空碗，打入鸡蛋1个，打散，备用。

2 葱切葱花。

3 蛋液装碗，加入水70毫升，拌匀，再过筛，倒入蒸碗中，封好保鲜膜，准备蒸制。

4 锅中倒入水1000毫升，放上蒸帘，盖上锅盖，煮至沸腾。

5 揭盖，放入装有蛋液的蒸碗，盖上锅盖，蒸至蛋液熟透。

6 取出蒸碗，揭开保鲜膜，撒入葱花即可享用啦。

香菇鸡肉羹

🕐 时间：10分钟

┈┈┈┈ 主料 ┈┈┈┈

大米	30 克
鸡胸肉	20 克
青菜	5 克
香菇	5 克

┈┈┈┈ 辅料 ┈┈┈┈

食用油（核桃油）	10 毫升
水	650 毫升

扫一扫学做菜

┈┈┈┈ 做法 ┈┈┈┈

1 大米洗净，沥干水分，装入蒸碗；鸡胸肉切末；香菇洗净，切末；青菜洗净，切碎。

2 锅中倒入水500毫升，放上蒸帘，放上蒸碗，蒸至熟透，取出。

3 锅置于灶上，倒入食用油10毫升烧热，放入鸡胸肉、香菇末，炒匀，加入水150毫升，加入米饭，拌匀，煮至沸腾。

4 放入青菜碎，炖煮片刻，盛出装碗即可享用啦。

专家叮咛

鸡肉含有的多种维生素、钙、磷、锌、铁、镁等成分，也是人体生长发育所必需的，对儿童的成长有重要意义。

紫菜豆腐羹

🕐 时间：6分钟

主料	
豆腐	50 克
银鱼	10 克
胡萝卜	20 克
紫菜	2 克

辅料	
葱	5 克（1/2 根）
水	300 毫升

做法

1 豆腐切成小粒；银鱼切碎；胡萝卜去皮，切细丝；紫菜撕碎；葱切葱花。

2 锅中倒入水300毫升，放入豆腐粒、银鱼、胡萝卜，炖煮至熟。放入水淀粉20毫升，拌匀。

3 放入紫菜，搅拌拌匀，炖煮一会，撒入葱花，盛出装碗即可。

专家叮咛

豆腐含有丰富的优质蛋白和人体所需的微量元素，把它做成豆腐羹，软嫩香滑，特别适合还不能熟练咀嚼的宝宝食用。

猕猴桃泥

⏱ 时间：2分钟

主料

猕猴桃   50克（1个）

辅料

白糖   0.5克
水   50毫升

做法
---

1 猕猴桃去皮，切成细丁，捣成泥状，备用。

2 放入猕猴桃泥，加入水50毫升，加入白糖0.5克，搅拌至浓稠。

3 盛出装碗即可享用啦。

专家叮咛

　　猕猴桃富含维生素C，可强化免疫系统，美白皮肤。此外，猕猴桃还富含肌醇及氨基酸，可补充脑力所消耗的营养细胞。

苹果梨香蕉粥

时间：30分钟

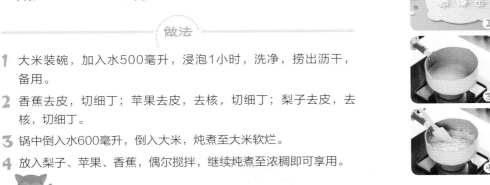

---- 主料 ----

大米	40克	梨子	40克
香蕉	60克	水	1100毫升
苹果	50克		

---- 做法 ----

1 大米装碗，加入水500毫升，浸泡1小时，洗净，捞出沥干，备用。

2 香蕉去皮，切细丁；苹果去皮，去核，切细丁；梨子去皮，去核，切细丁。

3 锅中倒入水600毫升，倒入大米，炖煮至大米软烂。

4 放入梨子、苹果、香蕉，偶尔搅拌，继续炖煮至浓稠即可享用。

专家叮咛

　　蒸过的苹果具有止泻功能。相反，生苹果可以缓解便秘并调节肠胃。缺铁性贫血的婴儿可以吃苹果来增加自身的铁元素。

扫一扫学做菜

胡萝卜白米香糊

🕐 时间：31分钟

主料	
大米	50 克
胡萝卜	40 克

辅料	
水	950 毫升

做法

1 胡萝卜去皮，切小块，备用。

2 大米装碗，加入水300毫升，浸泡3小时后，捞出沥干，备用。

3 大米和胡萝卜装入蒸碗，备用。

4 锅中倒入水600毫升，烧开，放入蒸帘，放入装有胡萝卜和大米的蒸碗，盖上锅盖，蒸至食材熟透。

5 取出蒸碗，将胡萝卜和大米分别捣成泥状，备用，再手动开火。

6 锅中倒入水50毫升，放入大米泥、胡萝卜泥，拌匀，煮至沸腾，盛出装碗即可享用啦。

第五章

1~1.5 岁，
软烂食物都能吃

妈妈应注意的问题

1 宝宝怎么吃盐才安全

1 岁以后可以在宝宝的饮食中加入少量的盐，既改善菜肴的味道，也对健康有益，但是宝宝餐中盐一定要少放，如果宝宝摄入太多的盐，会养成重口味的习惯，成年后易患高血压。

2 如何预防宝宝厌食、偏食

从婴儿时期开始，爸爸妈妈就要开始注意培养宝宝良好的饮食习惯，包括少给宝宝吃零食、甜食及冷食，以免打乱宝宝的饮食规律。

另外还要增加宝宝的活动量，以促进食欲，甚至可以将饭菜做成可爱的造型，以此来增强宝宝的进食欲望。

另外不要在宝宝面前谈论某种食物不好吃，或者有什么特殊味道之类的话。对于宝宝不太喜欢吃的食物，多讲讲它们有什么营养价值，吃了以后对于身体有什么好处，而且父母应在孩子面前做出表率，一边大口大口地吃，一边称赞那些食物吃起来味道有多好。

3 让宝宝参与食物的准备

这个时期的宝宝动手欲望比较强烈，抠挖小洞，撕纸、涂鸦都是正常的表现，不如让宝宝一起参与食物的准备和制作，可以锻炼手、眼、脑的协调能力。

核桃木耳粳米粥

时间：24分钟

主料

粳米	50克
核桃仁	20克
水发黑木耳	15克
葡萄干	2克
冰糖	10克
水	900毫升

专家叮咛

核桃里富含磷脂，食用核桃有助于宝宝补充磷脂，有助于促进宝宝的脑部发育和神经系统发育，可以提高宝宝的记忆力。

扫一扫学做菜

做法

1 粳米装碗，加入水300毫升，浸泡1小时，洗净，捞出沥干，备用。

2 水发木耳去蒂，洗净，撕成小朵；核桃仁掰成小块；葡萄干洗净，备用。

3 锅中倒入水600毫升，煮沸。

4 放入粳米、核桃仁，搅拌均匀，炖煮。

5 放入水发木耳、葡萄干，加入冰糖10克，拌匀，继续炖煮。

6 盛出装碗即可享用啦。

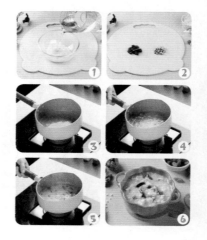

什锦菜粥

⏱ 时间：24分钟

主料

大米	60 克
西蓝花	20 克
玉米粒	10 克
香菇	10 克
芹菜	10 克

辅料

盐	0.5 克
水	500 毫升

做法

1 香菇切片，芹菜、西蓝花分别切丁，装盘备用。

2 将大米淘洗干净，装在小碗里备用。

3 锅中倒入水500毫升，倒入淘洗干净的大米，炖煮。

4 加入玉米粒、香菇片、西蓝花丁、芹菜丁，加入盐0.5克，拌匀，
继续炖煮，盛出装碗即可享用啦。

专家叮咛

西蓝花中矿物质成分也很全面，钙、磷、铁、钾、锌、锰
等含量都很丰富，与同属于十字花科的白菜花相当。每100克
新鲜西蓝花的花球中，含蛋白质3.5克～4.5克。

鸡肉土豆肉糜粥

🕐 时间：15分钟

主料

大米	30 克
猪肉末	20 克
土豆	20 克
鸡胸肉	15 克
洋葱	10 克

辅料

食用油	10 毫升
水	600 毫升

做法

1 鸡胸肉切末；土豆去皮，切丁；洋葱切末。

2 大米装碗，加入水300毫升，浸泡1小时，洗净，捞出沥干，备用。

3 锅置于灶上，倒入食用油10毫升烧热。

4 加入洋葱末、猪肉末、鸡胸肉末、土豆丁，炒至肉末变色后，盛出肉末，备用，再手动开火。

5 锅中倒入水300毫升，加入大米，搅拌均匀，盖上锅盖，炖煮。

6 揭盖，搅拌几下，放入肉末，拌匀，继续炖煮片刻，盛出装碗即可享用啦。

菠菜洋葱牛奶羹

 时间：5分钟

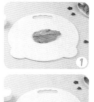

主料

菠菜	20克	配方奶	20毫升（5克奶粉）
洋葱	20克	水	150毫升

做法

1 将菠菜洗净，备用。

2 菠菜选择叶尖部分切碎；洋葱洗净，切碎，备用。

3 锅中倒入水150毫升，加入菠菜末、洋葱末，拌匀炖煮。

4 倒入配方奶20毫升，搅拌均匀，盛出装碗即可享用啦。

专家叮咛

　　菠菜中所含的胡萝卜素，能在人体内转变成维生素A，能维护宝宝正常视力和上皮细胞的健康。

胡萝卜瘦肉粥

时间：30分钟

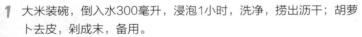
主料

猪肉末	30克	胡萝卜	30克
大米	30克	水	700毫升
食用油	5毫升		

做法

1 大米装碗，倒入水300毫升，浸泡1小时，洗净，捞出沥干；胡萝卜去皮，剁成末，备用。

2 猪肉末装碗，加入食用油5毫升，拌匀，备用。

3 锅中倒入水400毫升，放入大米，盖上锅盖，煮至沸腾，再揭盖，放入猪肉末，搅拌均匀，煮至肉末变色。

4 放入胡萝卜末，拌匀，煮至胡萝卜断生后，盛出装碗即可享用。

专家叮咛

胡萝卜中的胡萝卜素可在人体内转变成维生素A，有助于增强机体的免疫功能。

蘑菇浓汤

🕐 时间：9分钟

主料	
白玉菇	80 克

辅料	
盐	1 克
水	300 毫升
配方奶	150 毫升
（30~40 克奶粉）	

做法

1 白玉菇洗净，切成细粒，备用。

2 锅中倒入水300毫升，加入白玉菇，煮至熟透。

3 捞出白玉菇，放入破壁机中，加入配方奶50毫升，打成糊糊，倒回锅中，再手动开火。

4 锅中倒入配方奶100毫升、白玉菇糊糊，撒入盐1克，拌匀，盛出装碗即可。

专家叮咛

　　白玉菇含有蛋白质、人体必需氨基酸、多种微量元素、大量多糖和各种维生素等，营养丰富。

扫一扫学做菜

鹌鹑蛋猪肉白菜粥

⏱ 时间：25分钟

主料

熟鹌鹑蛋	60 克
白菜	50 克
大米	40 克
猪肉末	25 克

辅料

葱	5 克（1/2 根）
盐	1 克
芝麻油	1 毫升
食用油	5 毫升
水	700 毫升

做法

1. 白菜切丝；熟鹌鹑蛋剥壳，备用；葱切葱花。

2. 大米装碗，加入水300毫升，浸泡3小时，洗净，捞出沥干，备用。

3. 肉末装碗，加入盐1克、食用油5毫升，拌匀，腌制15分钟，备用。

4. 锅中倒入水400毫升，加入泡好的大米，拌匀，盖上锅盖，炖煮，中途可揭盖搅拌，炖煮至熟软。

5. 放入肉末，拌匀，煮至肉末变色后，再放入白菜丝、鹌鹑蛋，盖上锅盖，继续炖煮。

6. 揭盖，淋入芝麻油，撒入葱花，拌匀，盛出装碗即可享用啦。

078

胡萝卜面片

⏱ 时间：8分钟

主料

面粉	70 克
胡萝卜	50 克
鸡蛋	50 克（1 个）

辅料

盐	0.5 克
香油	2 毫升
水	600 毫升

扫一扫学做菜

做法

1　胡萝卜去皮，切片，装入蒸盘，蒸至胡萝卜熟透，取出压成胡萝卜泥，备用。

2　面粉装碗，加入胡萝卜泥，加入盐0.5克，搅拌成絮状面团，再将面团揉至光滑，盖上封膜，静置饧面30分钟后，揭开封膜，将面团擀成薄片，压模，备用。

3　取一空碗，打入鸡蛋1个，打散，备用。

4　锅中倒入水600毫升，煮沸，放入切好的面片，炖煮，再慢慢淋入备好的鸡蛋液，继续炖煮片刻，最后淋入香油2毫升，拌匀后盛出装碗即可享用啦。

西红柿面包鸡蛋汤

时间：9分钟

主料

西红柿	120 克	吐司面包	1 片
豆腐	80 克	水	400 毫升
鸡蛋	50 克（1个）		

做法

1 西红柿去皮，先切薄片，再剁成末，备用；吐司面包切成0.5厘米大小的小丁，备用。

2 取一空碗，打入鸡蛋1个，拌匀，备用。

3 锅中倒入水400毫升，煮至沸腾，放入西红柿末，拌匀，炖煮。

4 放入吐司面包丁，拌匀，继续炖煮片刻，再放入鸡蛋液，搅拌均匀，炖煮一会，即可盛出享用啦。

专家叮咛

番茄含有丰富的维生素，其富含的番茄素，有抑制细菌的作用，可增强宝宝的抵抗力。

鲜菇西红柿汤

⏱ 时间：8分钟

主料

西红柿	120 克
豆腐	80 克
金针菇	30 克
香菇	5 克

辅料

葱	5 克（1/2 根）
盐	1 克
水淀粉	10 毫升
食用油	10 毫升
水	400 毫升

做法

1 西红柿去皮，切丁；豆腐切1厘米大小的方块；金针菇去根，切末；香菇切碎；葱切葱花。

2 锅置于灶上，倒入食用油10毫升烧热。

3 放入西红柿丁，炒至出汁，再放入金针菇末、香菇碎，炒匀。

4 放入水400毫升，加入豆腐，炖煮一会儿，再放入盐1克、水淀粉10毫升，拌匀勾芡，撒入葱花即可盛出享用啦。

专家叮咛

西红柿富含矿物质、维生素、碳水化合物、有机酸等营养成分，其所含的维生素C能增强小儿免疫力，防治感冒。

鲜虾汤饭

🕐 时间：14分钟

虾仁	50 克
熟米饭	45 克
山药	20 克
胡萝卜	20 克
小白菜	10 克

食用油	10 毫升
水	900 毫升

扫一扫学做菜

——————— 做法 ———————

1. 锅中倒入水600毫升，烧开，放入小白菜，焯水1分钟，捞出沥干，切碎备用。

2. 虾仁去虾线，切碎；山药去皮，切丁；胡萝卜去皮，切丁。

3. 锅置于灶上，倒入食用油10毫升，烧热，放入虾仁丁，炒匀。

4. 放入山药丁、胡萝卜丁，炒匀，倒入水300毫升，煮至山药和胡萝卜熟软，再放入熟米饭，继续炖煮，最后放入小白菜，拌匀，炖煮至断生后盛出装碗即可享用啦。

专家叮咛

虾仁的蛋白质含量极高，有助于宝宝生长发育和牙齿生长。

虾仁馄饨

⏱ 时间：7分钟

主料

小馄饨皮	60克（18张）
猪肉末	50克
虾仁	60克
紫菜	1克

辅料

葱	3克
柠檬片	2克
鲜菇粉	1克
生抽	3毫升
水	600毫升

做法

1 紫菜装碗，加入水100毫升，浸泡15分钟，备用。

2 虾仁去虾线，剁成虾泥，备用；葱切葱花。

3 虾泥装碗，放上柠檬片2克，腌制15分钟，备用。

4 猪肉末装碗，加入虾泥、葱花，加入鲜菇粉1克、生抽3毫升，拌匀成馅料，备用。

5 面皮上放入适量馅料，收口包紧，制成小馄饨生胚，备用。

6 锅中倒入水500毫升，烧开，放入小馄饨生胚，煮至熟透，再放入紫菜，盛出即可享用啦。

红薯小米粥

⏱ 时间：23分钟

―――― (主料) ――――

小米	50 克
红薯	50 克
胡萝卜	20 克
红枣	20 克
水	1600 毫升

专家叮咛

　　红薯一次不要给宝宝吃太多，也不要晚上吃，以免宝宝胀气而导致肠胃不舒服，影响睡眠质量。

―――― (做法) ――――

1 红枣装碗，加入开水300毫升，浸泡3小时。

2 小米装碗，加水500毫升，洗净，备用。

3 红薯切成细丁；胡萝卜切细丝；红枣去皮，切细丁。

4 锅中倒入水800毫升，放入小米、红薯丁，炖煮。

5 放入胡萝卜丝、红枣丁，拌匀，继续炖煮。

6 盛出装碗即可享用啦。

芝麻猪肝粥

🕐 时间：29分钟

主料

猪肝	30 克
大米	20 克
小米	20 克
芹菜梗	20 克
口蘑	5 克（1 个）
芹菜叶	5 克

辅料

白芝麻	1 克
姜	2 克
盐	0.5 克
食用油	5 毫升
水	1600 毫升

做法

1. 大米、小米装碗，加入水300毫升，泡发备用。

2. 猪肝洗净，切小块；芹菜梗切细丁；口蘑切细丁；芹菜叶切碎；姜切片。

3. 锅中倒入水300毫升，放入姜片，加入猪肝，焯水2分钟，捞出沥干，剁成细末，备用。

4. 锅中倒入食用油5毫升，烧热，放入口蘑丁、芹菜梗丁，再放入芹菜叶、猪肝末，炒匀后盛出装盘。

5. 锅中倒入水1000毫升，放入大米、小米，拌匀，炖煮。

6. 放入炒好的猪肝末，加入白芝麻1克、盐0.5克，搅拌均匀，煮至熟透，盛出装碗即可享用。

扫一扫学做菜

清香肉丸蒸冬瓜

🕐 时间：15分钟

主料

冬瓜	120 克
猪肉末	60 克
虾仁	30 克
柠檬	10 克

辅料

葱	5 克
鲜菇粉	1 克
水淀粉	5 毫升
生抽	3 毫升
水	600 毫升

专家叮咛

冬瓜中所含的丙醇二酸，能有效地抑制糖类转化为脂肪，加之冬瓜本身不含脂肪，热量不高，可防止儿童肥胖。

做法

1 冬瓜去皮去瓤，洗净，切薄片，压成花形；虾仁去虾线，剁成虾泥；柠檬切片；葱切葱花。

2 虾泥装碗，压入柠檬汁，腌制15分钟，备用。

3 猪肉末装碗，加入虾泥，加入葱花、鲜菇粉1克、生抽3毫升，拌匀，搓成球形。

4 取一个长10厘米、宽4厘米的蒸盘，码入冬瓜，再将拌好的肉末平铺在冬瓜上，备用。

5 锅中倒入水600毫升，烧开，放上蒸帘，放入装有食材的蒸盘，盖上锅盖，蒸至熟透后揭盖，取出蒸盘，将盘中的原汁倒出，装碗备用。

6 将原汁倒入锅中，加入水淀粉5毫升，拌匀后，将芡汁淋在肉末上即可享用啦。

鱼肉麦片

时间：16分钟

主料

鱼肉	50 克
即食麦片	20 克

辅料

盐	0.5 克
水	1200 毫升

专家叮咛

鱼类含有丰富的蛋白质，易于消化吸收，常食可增强宝宝的抗病能力。

做法

1 鱼肉洗净，装碗蒸盘，备用。

2 锅中倒入水1000毫升，放上蒸帘，盖上锅盖，煮至沸腾。

3 揭盖，放入装有鱼肉的蒸盘，蒸至熟透。

4 揭盖，取出鱼肉，剁成末，装盘备用，再手动开火。

5 锅中倒入水200毫升，放入燕麦，搅拌均匀，煮至麦片熟软。

6 放入鱼肉，加入盐0.5克，拌匀，继续炖煮至熟透后盛出装碗即可享用啦。

土豆胡萝卜菠菜饼

🕐 时间: 5分钟

主料

鸡蛋	100克（2个）
胡萝卜	50克
土豆	50克
菠菜	30克
面粉	20克

辅料

食用油	15毫升
水	350毫升

专家叮咛

菠菜里有大量草酸，容易影响钙质吸收，菠菜最好先用开水烫一下去掉大量草酸再烹饪。

做法

1 土豆去皮，先切成薄片，再切成小条，再改刀切丁，备用；胡萝卜切丁。

2 锅中倒入水300毫升，烧开，放入土豆丁、胡萝卜丁，焯水2分钟，再放入菠菜，继续焯水1分钟，捞出沥干，切碎，备用。

3 在碗中打入鸡蛋2个，加入面粉20克，倒入水50毫升，加入菠菜、土豆丁、胡萝卜丁，拌匀成面糊。

4 锅置于灶上，倒入食用油15毫升，烧热。

5 舀入全部面糊，修整成薄饼状，煎至一面焦黄，翻面，将另一面也煎至焦黄。

6 盛出薄饼，切成若干等份的三角形状，装盘即可。

鲟鱼蒸糕

时间：分钟

主料	
鲟鱼	65 克
柠檬	20 克
面粉	20 克

辅料	
蛋清	20 毫升
水	1000 毫升

做法

1. 鲟鱼去皮，去刺剁成泥，装碗，压入柠檬汁，腌制10分钟，备用。

2. 加入面粉20克、蛋清20毫升，拌匀，再取一个深5厘米、长10厘米的方形蒸碗，倒入拌好的鱼泥，压紧，备用。

3. 锅中倒入水1000毫升，放上蒸帘，盖上锅盖，煮至沸腾。

4. 揭盖，放入装有鱼泥的蒸碗，盖上锅盖，蒸至熟透后，揭盖，取出，切成小块后装盘即可享用啦。

专家叮咛

鲟鱼的蛋白质含量非常丰富，适量食用，有助于儿童增强抵抗力，变得强壮又健康。

海米萝卜饼

时间：5分钟

主料	
白萝卜	120 克
低筋面粉	50 克
鸡蛋	50 克（1 个）
海米	20 克

辅料	
葱	5 克（1/2 根）
盐	0.5 克
食用油	15 毫升
水	300 毫升

专家叮咛

白萝卜含有维生素 A、维生素 C 等营养成分，能开胃消食、增强免疫力。

做法

1 海米装碗，加入温水300毫升，浸泡30分钟，洗净，捞出沥干，备用。

2 白萝卜去皮，切细丝；海米切末；葱切葱花。

3 面粉装碗，打入鸡蛋1个，加入海米末、葱花、白萝卜丝、盐0.5克，搅拌均匀成糊状，备用。

4 锅置于灶上，倒入食用油15毫升，烧热。

5 放入制好的面粉糊，煎至一面定型，翻面，将另一面煎至焦黄。

6 盛出，切成小片，装盘即可享用啦。

面条小饼

⏱ 时间：9分钟

主料

鸡蛋	50克（1个）
面条	30克
虾仁	30克
熟玉米粒	15克
西蓝花	10克

辅料

柠檬片	2克
鲜菇粉	1克
食用油	15毫升
水	300毫升

做法

1 虾仁装盘，放上柠檬片，腌制15分钟，备用。

2 将虾仁剁成虾泥，备用。

3 锅中倒入水300毫升，烧开，放入面条，焯水3分钟至熟软，捞出沥干，装碗备用；再放入西蓝花，焯水2分钟，捞出沥干，剁成末，备用。

4 将虾泥倒入装有面条的碗中，加入熟玉米粒、西蓝花末、鲜菇粉1克，再打入鸡蛋1个，拌匀，备用。

5 将锅置于灶上，倒入食用油15毫升烧热。

6 用筷子夹入适量拌好的面条，整理成圆形饼状，煎至一面焦黄，翻面，将另一面也煎至焦黄，盛出装碗即可享用啦。

大黄鸭奶香南瓜泥

🕐 时间: 29分钟

扫一扫学做菜

---- 主料 ----

南瓜	100 克	海苔	1 克
配方奶粉	30 克	温开水	60 毫升
胡萝卜	5 克	水	1700 毫升

---- 做法 ----

1 南瓜切薄片；胡萝卜切薄片。

2 将南瓜装入蒸盘；配方奶粉装碗，加入温开水60毫升，拌匀。

3 锅中倒入水1200毫升，煮沸，放上装有南瓜的蒸盘，蒸至食材熟透，取出南瓜，用搅拌器打成泥状，再加入配方奶，拌匀，锅中倒入水500毫升，煮沸，放入胡萝卜，焯至断生，捞出。

4 再将胡萝卜剪成鸭嘴、海苔剪成眼睛，放在合适的位置即可。

专家叮咛

　　南瓜还含有较丰富的钾、钙、镁、硒、铁、锌，而钠含量较低，用南瓜制作南瓜泥，不仅营养丰富，而且易于消化，非常适合宝宝食用。

南瓜番茄蛋面

⏱ 时间：7分钟

主料

鹌鹑蛋	60克（5个）
西红柿	60克
面粉	20克
南瓜	15克

辅料

食用油	5毫升
水	200毫升

做法

1. 西红柿去皮，切丁；南瓜去皮，切小细丁。

2. 将面粉装碗，打入鹌鹑蛋5个，搅拌至提起蛋抽面糊滴落的痕迹缓慢消失为宜。

3. 将面糊装入裱花袋，备用。

4. 锅置于灶上，倒入食用油5毫升，烧热。

5. 放入西红柿丁，炒至出汁，放入南瓜丁，炒匀，再倒入水200毫升，煮至沸腾。

6. 将裱花袋中的面糊挤入锅中（画圆圈挤入锅中），并用筷子搅动，炖煮至熟透后，盛出装碗即可享用啦。

豆腐手指棒

⏱ 时间：7分钟

━━━━━ 主料 ━━━━━

低筋面粉	160 克
豆腐	90 克
鸡蛋	50 克（1 个）

━━━━━ 辅料 ━━━━━

黑芝麻	5 克
食用油	15 毫升

专家叮咛

　　豆腐可以清肺润燥，还富含钙质，宝宝适量进食可促进骨骼生长。

━━━━━ 做法 ━━━━━

1　豆腐切小块，备用。

2　豆腐装碗，打入鸡蛋1个，捣成豆腐泥。

3　将豆腐泥倒入装有面粉的碗中，加入黑芝麻5克，拌匀，揉成光滑的面团。

4　将面团擀成薄薄的长方形，再切成手指长的段，卷起来，制成手指棒生胚，备用。

5　锅置于灶上，倒入食用油15毫升，烧热。

6　放入制好的生胚，煎至两面金黄，盛出装盘即可享用啦。

第六章

1.5～2岁,
辅食地位提高啦

妈妈应注意的问题

 怎么样培养宝宝好的饮食习惯

　　一日三餐按时吃，能够帮助宝宝形成固定的饮食规律。饭前提醒宝宝，使宝宝心理上有思想准备，有助于愉快地进餐。

　　营造一个轻松愉快的用餐环境，宝宝吃饭较慢时不要催促，更不要训斥宝宝，要多鼓励宝宝，让宝宝感受到用餐的快乐。

2 宝宝快2岁了，可以吃零食了吗

　　当宝宝的日常饮食变为一日三餐后，我们就可以有规律地给宝宝吃零食了。

　　可以适当增加的零食有蔬果干、奶片等，这些零食营养素含量相对丰富，但是一般都含有中等量的油、糖、盐等，可适当食用但不宜多吃。

　　同时要严格控制孩子吃零食，使胃肠道有一定的排空时间，这样就容易产生饥饿感。古语说"饥不择食"，饥饿时对过去不太喜欢吃的食物也会觉得味道不错，时间长了便会慢慢适应。

3 给宝宝提供丰富的蔬菜、水果

宝宝每天的营养来源之一就是蔬菜，特别是橙、绿色蔬菜，如：西红柿、胡萝卜、油菜、柿子椒等。可以把这些蔬菜加工成细碎软烂的菜末炒熟调味，给宝宝拌在饭里喂食。要注意水果也应该给宝宝吃，但是水果不能代替蔬菜，1 至 2 岁的宝宝每天应吃蔬菜、水果共 150克～250 克。

4 饮食粗细搭配要合理

在宝宝的饮食中合理、适量地加入粗粮，可以弥补细粮中某些营养成分的不足，从而实现宝宝营养均衡全面。细粮的成分主要是淀粉、蛋白质、脂肪，维生素含量相对较少，这是因为粮食加工得越精细，在加工过程中维生素、无机盐和微量元素的损失就会越大，就越容易导致营养缺乏症。

扫一扫学做菜

恐龙饭

⏱ 时间：4分钟

······· 主料 ·······

熟米饭	150 克
鸡蛋	50 克（1 个）
西蓝花	30 克
苹果	20 克
胡萝卜	20 克
紫菜	4 克

······· 辅料 ·······

食用油	25 毫升
水	300 毫升

专家叮咛

　　鸡蛋黄含铁丰富，可补充铁剂，是宝宝摄取铁质，预防缺铁性贫血的重要食物来源。

·······做法·······

1. 西蓝花洗净，切成小块；苹果切小片，剪成锯齿状；胡萝卜切小片；紫菜剪成三角形。

2. 将鸡蛋的蛋清和蛋黄分离，分别装碗，打散。

3. 锅中倒入水300毫升，烧开，放入胡萝卜和西蓝花，焯水3分钟，捞出沥干，再将胡萝卜切成锯齿状，备用。

4. 将紫菜、米饭、食用油5毫升混合，捏成恐龙的形状，备用，剩余的紫菜做成恐龙刺，备用。

5. 锅中倒入食用油10毫升烧热，将蛋清煎熟后盛出，压成云朵状，再拿部分作为眼睛和牙齿。

6. 锅中倒入食用油10毫升烧热，将蛋黄煎熟后盛出，压出太阳和恐龙的酒窝，再稍加装饰即可。

小鸟出壳

🕐 时间：3分钟

扫一扫学做菜

········· 主料 ·········

鸡蛋	150克（3个）
黄豆芽	50克
胡萝卜	30克
海苔	1克

········· 辅料 ·········

| 盐 | 1克 |
| 食用油 | 10毫升 |

专家叮咛

鸡蛋含有水分、蛋白质、脂肪、氨基酸及多种维生素，营养价值非常高。

········· 做法 ·········

1 黄豆芽洗净，去根；胡萝卜切小块，压模。

2 鸡蛋炖煮至熟透后取出，剥壳，备用。

3 鸡蛋剥壳，用刀在鸡蛋三分之二处雕刻蛋白，注意不要切到蛋黄。

4 用海苔剪出小鸡的眼睛，胡萝卜剪出小鸡的嘴巴，放在鸡蛋上，做成小鸡的造型，备用。

5 锅中倒入食用油10毫升烧热，放入黄豆芽、胡萝卜，炒至变色，再放入盐1克，翻炒均匀。

6 盛出食材，装盘，再将小鸡放在食材上，即可享用啦。

小羊肖恩

🕐 时间：19分钟

做法

1. 菜花洗净，掰成小朵，备用；生菜洗净，备用；香菇洗净，备用。

2. 锅中倒入水800毫升，烧开，放入香菇，煮熟，捞出；再放入菜花，煮至菜花断生，捞出。

3. 放入鹌鹑蛋，煮熟后捞出，将鹌鹑蛋剥壳，在顶端切掉两个小圆形作小羊眼睛。

4. 锅中倒入食用油10毫升烧热，放入菜花、盐0.5克、牛肉粉1克、水20毫升，翻炒均匀，盛出菜花，在盘中摆成圆球状，再取一朵香菇放在菜花上作脸，放上小羊眼睛和用香菇压成的眼球和羊角，最后再在羊的头顶放上一朵菜花即可享用啦。

小马过河

时间：41分钟

主料

红薯	80 克
山药	50 克
胡萝卜	20 克
黄瓜皮	2 克

辅料

海苔	1 克
水	1500 毫升

做法

1 红薯、山药去皮，切小块；胡萝卜去皮，切薄片；黄瓜皮洗净，切成小长条。

2 将红薯、山药装入另外一个蒸盘中，备用。

3 锅中倒入水1500毫升，放入装有胡萝卜的蒸盘，将胡萝卜蒸熟。取出胡萝卜，放上山药和红薯的蒸盘，将山药和红薯蒸至熟透。

4 将山药和红薯打成山药红薯泥，捏成小马形状，装上马鬃和耳朵、尾巴，胡萝卜一部分剪成一些三角形和半圆形的嘴巴、马蹄装饰小马，一部分剪成太阳的光辉，用一小片海苔装饰作眼睛，最后，水用黄瓜片装饰即可享用了。

吐司牛肉饼

🕐 时间：9分钟

主料	
牛肉馅	120 克
鸡蛋	100 克（2个）
馒头	1/2 个
洋葱	20 克
西蓝花	10 克

辅料	
盐	1 克
鲜菇粉	1 克
淀粉	20 克
食用油	15 毫升
热水	40 毫升

做法

1 洋葱、馒头分别切成丁状。

2 西蓝花焯水后，捞出沥干，切成碎末状。

3 将1个鸡蛋的蛋清和蛋黄分离，分别装碗，备用。

4 牛肉馅装碗，放入备好的蛋清，再加入淀粉20克、鲜菇粉1克、洋葱丁，拌匀，备用。

5 蛋黄装碗，再打入全蛋1个，拌匀，再加入西蓝花末、馒头丁，加入盐1克，拌匀，备用。

6 锅倒入食用油15毫升烧热，放入适量牛肉馅整理成圆饼状，在肉馅饼上方加入少量馒头丁，摊平，再倒入热水40毫升，盖上锅盖，焖至牛肉饼熟透，盛出装盘即可享用啦。

胡萝卜煎蛋

⏱ 时间：4分钟

主料

鸡蛋	50克（1个）
胡萝卜	100克
虾仁	25克
西蓝花	8克

辅料

柠檬片	2克
食用油	10毫升
水	600毫升

专家叮咛

胡萝卜富含维生素A，鸡蛋富含蛋白质，二者搭配既保护视力，又增强免疫力。

做法

1. 将虾仁切末；西蓝花切小朵；胡萝卜去皮，切成薄片形状，再在胡萝卜片中间挖出一个圆形。

2. 锅中倒入水600毫升，烧开，放入胡萝卜、西蓝花，焯水1分钟，捞出沥干，西蓝花切末。

3. 虾仁末装碗，放上柠檬片腌制15分钟。

4. 取一空碗，打入鸡蛋1个，加入虾末、西蓝花末，拌匀，备用。

5. 锅置于灶上，倒入食用油10毫升烧热。

6. 放入胡萝卜圈，再将蛋液舀入胡萝卜圈中，煎制，再翻面，将另一面煎至熟透，盛出装碗即可享用啦。

肉末茄泥

🕐 时间：26分钟

主料

茄子	100 克
猪肉末	30 克

辅料

白糖	0.5 克
盐	0.5 克
儿童酱油	2 毫升
干淀粉	3 克
水	2200 毫升

专家叮咛

茄子富含维生素、蛋白质，是高营养的蔬菜。做成辅食给宝宝吃，有防长痱子的效果。

做法

1 茄子洗净，切块，装入蒸盘，备用。

2 猪肉末装碗，加入白糖0.5克、盐0.5克、儿童酱油2毫升、干淀粉3克，拌匀，备用。

3 锅中倒入水1200毫升，放上蒸帘，盖上锅盖，煮至沸腾，放入茄子片，盖上锅盖，蒸至熟软。

4 取出茄子片，撕去外皮，撕成小条状，加入拌好的猪肉末，搅拌均匀，备用，再手动开火。

5 锅中倒入水1000毫升，放上蒸帘，盖上锅盖，煮至沸腾。

6 揭盖，将拌好的肉末茄子装盘，即可享用啦。

肉酱花菜泥

🕐 时间：3分钟

------ 主料 ------

花菜	60 克
猪肉末	40 克

------ 辅料 ------

盐	0.5 克
食用油	5 毫升
水	300 毫升

------ 做法 ------

1 花菜切小朵，备用。

2 锅中倒入水300毫升，烧开，放入花菜，焯水3分钟，捞出沥干，捣成泥状，备用。

3 锅置于灶上，烧热。

4 锅中放入食用油5毫升烧热。

5 放入猪肉末，加入盐0.5克，炒至变色。

6 盛出装碗，再加入花菜泥，拌匀即可享用啦。

紫薯芝士小面包

🕐 时间：5分钟

做法

主料

中筋面粉	180 克
紫薯	80 克
芝士	20 克
牛奶	110 毫升

辅料

白糖	8 克
酵母	1.5 克
食用油	10 毫升

专家叮咛

紫薯中的铁和硒含量丰富，宝宝常食可增强免疫力，促进健康发育和成长。

1 紫薯去皮，切成小块，装入蒸碗，备用；芝士切成宽1厘米左右的小长条，备用。

2 将紫薯放入锅中蒸至熟透，取出捣成紫薯泥。

3 紫薯泥装碗，加入中筋面粉、酵母、白糖，边倒牛奶边将食材搅拌成絮状，揉成光滑的面团，再将面团装碗，盖上保鲜膜，发酵1个小时，备用。

4 揭膜，将面团擀成长方形薄片，再切成小长条。

5 将芝士依次放于小长条面皮中间，将面皮两端向中间处对折，接口处捏合紧实，将小长条面皮切成若干等分的小段，制成小面包生坯。

6 锅中倒入食用油10毫升烧热，放入小面包生坯，煎至两面金黄，盛出装盘即可享用啦。

黑芝麻山药圈

⏱ 时间：6分钟

扫一扫学做菜

主料

中筋面粉	100 克
山药	80 克
黑芝麻	3 克

辅料

酵母	1 克
温牛奶	20 毫升
食用油	10 毫升
水	600 毫升

专家叮咛

山药易氧化，切好后可加入几滴白醋，防止氧化。

做法

1. 山药去皮，切细丁，装入蒸盘，备用。

2. 锅中倒入水600毫升，放上蒸帘，放上装有山药的蒸盘，盖上锅盖，蒸至山药熟透，取出捣成泥状，备用。

3. 山药中继续加入温牛奶20毫升、酵母、面粉100克、黑芝麻3克，搅拌成絮状面团，揉成光滑的面团，再将面团装碗，盖上保鲜膜，发酵1小时。

4. 揭开保鲜膜，将面团揉呈长方形薄片，再用模具在薄片上压出圆形形状，制成山药圈生胚。

5. 锅置于灶上，倒入食用油10毫升烧热。

6. 放入山药圈，煎至一面微黄，翻面，将另一面也煎至微黄，盛出即可享用啦。

土豆鱼饼

 时间：6分钟

主料

土豆	80 克
三文鱼	20 克
胡萝卜	20 克
柠檬片	2 克

辅料

玉米淀粉	20 克
食用油	15 毫升
水	600 毫升

专家叮咛

三文鱼不宜蒸太久，以免破坏它的营养价值。

做法

1. 三文鱼装碗，放上柠檬片2克，腌制15分钟。

2. 将三文鱼剁成鱼泥；胡萝卜去皮，切成1厘米厚的小片，改刀成五角星模样；土豆去皮，切成小丁，装入蒸盘。

3. 锅中倒入水600毫升，放上蒸帘，放入装有土豆的蒸盘，盖上锅盖，蒸至熟透。

4. 揭盖，取出土豆，装碗，捣成土豆泥，再加入玉米淀粉20克，加入三文鱼泥，拌匀，备用。

5. 将拌好的土豆泥分成若干等份，搓成圆形，再用手掌压扁，按入1片胡萝卜，制成鱼饼生坯。

6. 锅中倒入食用油15毫升烧热，放入鱼饼生坯，煎至两面焦黄，盛出装盘即可。

紫菜虾皮汤

🕐 时间：4分钟

主料

鸡蛋	100克（2个）
干紫菜	2克
虾皮	5克

辅料

葱	20克（2根）
盐	2克
香油	5毫升
水	900毫升

专家叮咛

紫菜中含丰富的钙、铁元素，可以促进儿童的骨骼、牙齿生长。

做法

1. 取一空碗，打入鸡蛋2个，打散，备用。

2. 取一空碗，放入虾皮，倒入水300毫升，泡发后洗净。

3. 取一空碗，放入紫菜，倒入水300毫升，泡发后洗净。

4. 葱切葱花；分别将虾皮、紫菜捞出沥干，装碟。

5. 锅中倒入水600毫升，烧开，放入虾皮和紫菜，煮出鲜味，再倒入蛋液，不要搅拌，加入盐2克，继续炖煮。

6. 待蛋液凝固后，加入葱花，倒入香油5毫升，盛出即可享用啦。

西红柿饼干

时间: 7分钟

主料

普通面粉	180 克	鸡蛋	50 克 (1 个)
西红柿	50 克		

辅料

白芝麻	5 克	食用油	10 毫升
白糖	10 克		

辅料

1 西红柿洗净，去皮，剁碎备用。

2 面粉装碗，加入西红柿50克，打入鸡蛋1个，加入白糖10克、白芝麻5克，将食材搅拌成絮状面团。

3 将絮状面团揉成光滑的面团，再将面团擀成一张大薄饼，再用刀把薄片切成长方形小块，在面饼表面，用叉子扎上几排小孔。

4 锅置于灶上，倒入食用油10毫升烧热。

5 放入小饼干，煎至一面金黄，翻面，将另一面也煎至金黄后，盛出装盘即可享用啦。

黑玉米虾饼

时间：7分钟

主料

虾仁	140 克
蛋清	35 克
黑玉米粒	20 克
胡萝卜	10 克
西蓝花	10 克

辅料

柠檬片	2 克
淀粉	20 克
食用油	10 毫升
水	300 毫升

做法

1 虾仁去虾线，放上柠檬片，腌制15分钟，备用。

2 锅中倒入水300毫升，烧开，放入西蓝花、黑玉米粒，焯水2分钟，捞出沥干，备用。

3 胡萝卜切细丁；西蓝花切末。

4 将腌制好的虾仁放入到料理机中，再加入蛋清，充分搅打至细腻。

5 将虾泥倒入碗中，然后加入胡萝卜丁、黑玉米粒、西蓝花末、淀粉20克，拌匀。

6 锅置于灶上，倒入食用油10毫升加热，再放入小虾饼，煎至底部微黄，翻面，将另一面也煎至微黄，盛出装盘即可享用啦。

番茄炒鸡蛋

时间：10分钟

主料

西红柿	250克
鸡蛋	150克（3个）

辅料

葱	10克（1根）
白糖	10克
盐	1克
食用油	45毫升

专家叮咛

西红柿中含有丰富的抗氧化剂，具有明显的美容抗皱的效果，宝宝常食可护肤。

做法

1. 西红柿洗净，末端切十字花刀，去皮，切块；葱切葱花。

2. 取一空碗，打入鸡蛋3个，打散。

3. 锅置于灶上，倒入食用油30毫升烧热，放入鸡蛋液，炒至半熟，待鸡蛋液将要完全凝固之时，盛出。

4. 锅置于灶上，倒入食用油15毫升烧热，放入西红柿块，炒至西红柿微微出汁，再放入炒好的鸡蛋，翻炒均匀。

5. 放入白糖10克、盐1克，炒匀，再炖煮片刻，将西红柿煮至熟软。

6. 撒入葱花，出锅即可享用啦。

螃蟹馒头

🕐 时间：24分钟

主料

面粉	300 克
南瓜	120 克
红豆	2 克

辅料

酵母	5 克
水	980 毫升

专家叮咛

南瓜中胡萝卜素含量较高，儿童常食，可有效保护眼睛。

做法

1. 南瓜切小片，装入蒸碗，备用。

2. 锅中倒入水600毫升，放上蒸帘，放上装有南瓜的蒸碗，蒸至熟透，取出捣成泥状，备用。

3. 红豆加水300毫升，浸泡12小时，捞出沥干。

4. 面粉装碗，加入水80毫升，加入酵母5克，再加入南瓜泥，揉成光滑的面团，再将面团盖上保鲜膜，发酵1小时。

5. 将面团分成若干个均匀的小剂子，取1/4的小剂子，做成蟹钳，剩余3/4的小剂子做成蟹脚。

6. 取一个面团30克，揉成螃蟹身体，最后放上红豆作为眼睛，做成螃蟹状的生坯，放在油纸上，再将生坯入锅蒸至食材熟透，取出即可享用啦。

扫一扫学做菜

鸡肉饭团

⏱ 时间：12分钟

---- 主料 ----

鸡胸肉	90 克
米饭	60 克
胡萝卜	10 克
黄瓜	10 克

---- 辅料 ----

盐	0.5 克
淀粉	20 克
生抽	1.5 毫升
水	1200 毫升

专家叮咛

鸡肉在烹制前可用盐水浸泡，使肉质变软后再烹制。

---- 做法 ----

1. 将鸡胸肉切薄片，剁成肉泥；胡萝卜、黄瓜分别去皮，切细丁。

2. 鸡胸肉装碗，加入淀粉20克，抓匀，备用。

3. 米饭装碗，加入胡萝卜丁、黄瓜丁，再加入盐0.5克、生抽1.5毫升，抓匀，备用。将米饭捏成若干个均等的圆形饭团。

4. 取适量鸡肉泥，放在手中整理成饼状，再将饭团放入鸡肉饼中，揉搓收口，制成鸡肉饭团生坯，备用。

5. 将饭团生坯放入蒸盘中，备用。

6. 将装有饭团的蒸盘放入锅中蒸至饭团熟透，取出即可享用啦。

章鱼饭

🕐 时间：5分钟

主料	
熟米饭	150 克
油菜苔	50 克
苋菜	50 克
鸡蛋	50 克（1 个）

辅料	
海苔	1 克
盐	1 克
食用油	15 毫升
水	330 毫升

专家叮咛

青菜"变身"成可爱的小动物，可以让宝宝爱上吃蔬菜。

做法

1 油菜苔洗净，切碎，备用；苋菜洗净，备用。

2 取一空碗，打入鸡蛋1个，打散，备用。

3 锅中倒入水300毫升，烧开，放入苋菜，焯水2分钟，捞出苋菜，留汁备用。

4 熟米饭装碗，加入苋菜汁，拌匀，备用。

5 用海苔剪出章鱼的眼睛、嘴巴，备用。

6 锅置于灶上，倒入食用油15毫升烧热，放入蛋液，翻炒均匀，放入油菜苔、盐1克，翻炒均匀，盛出倒入破壁机，再往破壁机中加入温水30毫升，打碎后倒入盘中备用，再将米饭团捏出数个小圆团和一个大圆团，组成章鱼的形状，然后将食材放入碗中，再装饰上眼睛即可享用啦。

酸奶鸡蛋糕

🕐 时间：21分钟

┄┄┄ 主料 ┄┄┄

鸡蛋	150克（3个）
低筋面粉	60克
蔓越莓	10克
白糖	5克
玉米淀粉	15克
酸奶	180毫升
食用油	5毫升
水	1200毫升

专家叮咛

　　鸡蛋含有高质量的蛋白质，可有效增强儿童的免疫力。但需注意，蛋清中含的卵蛋白是诱发过敏的主要致敏原，患过敏性哮喘的儿童不宜食用。

┄┄┄ 做法 ┄┄┄

1 取一空碗，打入鸡蛋3个，加入酸奶180毫升、白糖5克，搅拌均匀，备用。

2 在装有蛋液的碗中加入低筋面粉60克、玉米淀粉15克，继续搅拌成糊状，备用。

3 取一个长16厘米、宽10厘米的蒸碗，先铺上一层硅油纸，刷匀食用油5毫升，再倒入打好的鸡蛋糊，撒入蔓越莓10克，准备蒸制。

4 锅中倒入水1200毫升，放上蒸帘，盖上锅盖，煮至沸腾。

5 揭盖，放入装有鸡蛋液的蒸碗，盖上锅盖，蒸至蛋液熟透。

6 揭盖取出，切成小片，装盘即可享用啦。

三色拌菠菜

🕐 时间：10分钟

主料

菠菜	100 克
鸡蛋	50 克（1 个）
龙口粉丝	20 克

辅料

盐	1 克
食用油	15 毫升
水	800 毫升

扫一扫学做菜

做法

1 龙口粉丝加入水300毫升，浸泡30分钟至软后，捞出沥干，备用。

2 菠菜去根，洗净；鸡蛋装碗，打散备用。

3 锅中倒入水500毫升，加入盐1克、食用油5毫升，烧开。

4 放入龙口粉丝，煮至熟透捞出；放入菠菜，煮至熟透，捞出菠菜，放入装有粉丝的碗中，备用，再洗干净锅内，擦干水分，并手动开火。

5 锅置于灶上，倒入食用油10毫升烧热。

6 倒入鸡蛋液，推平，煎至一面定型，翻面，将另一面也煎至定型，再将鸡蛋饼盛出，切成细丝，放入装有龙口粉丝的碗中，拌匀后即可享用啦。

南瓜坚果饼

⏱ 时间：5分钟

---主料---

南瓜	100 克
熟米饭	100 克
蛋黄液	20 毫升
黑芝麻	5 克

---辅料---

坚果粉	30 克
食用油	10 毫升
水	600 毫升

专家叮咛

南瓜含有丰富的锌元素，锌为人体生长发育的重要物质，还可以促进人体造血功能。

)做法(

1 南瓜去皮，切成小块，放入蒸盘，备用。

2 锅中倒入水600毫升，放上蒸帘，放上蒸盘，蒸至南瓜熟透，取出蒸盘，将南瓜捣成泥状。

3 南瓜泥装碗，加入熟米饭、蛋黄液20毫升、坚果粉30克、黑芝麻5克，拌匀，制成饼胚。

4 锅置于灶上，倒入食用油10毫升烧热。

5 放入饼坯，煎至一面焦黄，翻面，将另一面也煎至焦黄。

6 其他饼坯也依次按照此法煎制，盛出装盘即可享用啦。

鲜虾炒白菜

🕐 时间：8分钟

主料

基围虾	80 克
大白菜叶	50 克
柠檬	10 克

辅料

葱	5 克（1/2 根）
盐	1 克
食用油	15 毫升

专家叮咛

基围虾含有丰富的钙、磷、铁等营养元素，有助于宝宝的大脑发育，补充钙质，对宝宝的成长发育大有好处。

做法

1. 基围虾去虾线，剪去虾爪、虾须，洗净，备用；大白菜叶洗净，撕成小片，备用；柠檬切片；葱切段。

2. 基围虾装碗，挤入柠檬汁，腌制15分钟，备用。

3. 锅置于灶上，倒入食用油15毫升烧热。

4. 放入基围虾，按压虾头，炒出红色的虾油。

5. 放入葱段，煸炒出香味。

6. 放入大白菜叶，炒至菜叶变软，再放入盐1克，炒匀后盛出装盘即可享用啦。

扫一扫学做菜

圣诞雪人

🕐 时间：12分钟

汤圆	400 克
水滴状巧克力	20 克

━━━━ 辅料 ━━━━

熟黑芝麻	1 克
椰蓉	20 克
水	800 毫升

━━━━ 做法 ━━━━

1 拆开水滴状巧克力，将包装纸剪出雪人的嘴巴及围脖，备用。

2 锅中倒入水800毫升，煮沸。

3 放入汤圆，煮至浮起。

4 取出汤圆，逐个裹匀椰蓉，取根牙签，套上围脖，插入一个汤圆中，再将另外一个汤圆插在其上，再盖上巧克力帽子，装饰上黑芝麻作眼睛即可啦。

专家叮咛

汤圆主要由糯米粉制作而成，其粘性高难以消化，宝宝最好满 3 岁之后再吃，建议每次食用 2~3 颗。

白萝卜丝炒黄豆芽

🕐 时间：5分钟

主料	
白萝卜	70 克
黄豆芽	70 克
红椒	10 克

辅料	
盐	1 克
生抽	2 毫升
食用油	15 毫升

做法

1 白萝卜去皮，切薄片，再改刀切丝；黄豆芽掐去根部，洗净，备用；红椒去籽，切丝。

2 锅置于灶上，倒入食用油15毫升烧热。

3 放入白萝卜丝、黄豆芽、红椒丝，翻炒均匀。

4 加入盐1克、生抽2毫升，炒匀后盛出装盘即可享用啦。

专家叮咛

黄豆芽含水量较高，宜用大火快炒，以免营养流失。

西红柿土豆炖牛肉

🕐 时间: 37分钟

主料

土豆	100 克	西红柿	50 克
牛肉	60 克		

辅料

白糖	1 克	食用油	10 毫升
盐	1 克	水	400 毫升

做法

1 牛肉洗净，切丁；土豆去皮，切丁；西红柿去皮，切丁。

2 锅置于灶上，倒入食用油10毫升烧热。

3 放入牛肉，煸炒至变色。

4 放入西红柿丁、土豆丁，炒匀，放入白糖1克、盐1克，加入水400毫升，炖煮至浓稠后，盛出装碗即可享用啦。

金针菇蔬菜汤

⏱ 时间：8分钟

主料

冬瓜	30 克	青菜叶	20 克
金针菇	20 克		

辅料

核桃油	2 毫升	水	300 毫升

做法

1 冬瓜去皮，切片，压模，备用；金针菇去除根部，切成1厘米大小的小段；青菜叶洗净，切碎，备用。

2 锅中倒入水300毫升，放入冬瓜丁，炖煮。

3 放入金针菇、青菜碎，拌匀，继续炖煮。

4 放入核桃油2毫升，拌匀，盛出装碗即可享用啦。

扫一扫学做菜

山药木耳
核桃仁

🕐 时间：7分钟

〔 主料 〕

山药	60 克
木耳	40 克
核桃仁	30 克

〔 辅料 〕

葱	3 克
盐	1 克
食用油	20 毫升
水	300 毫升

扫一扫学做菜

〔 做法 〕

1 山药去皮，洗净，切小菱形片；木耳去根部，切小朵；葱切葱花。

2 锅中倒入水300毫升，烧开，放入山药，焯水30秒，再加入木耳，继续焯水30秒，捞出山药和木耳，备用。

3 锅置于灶上，倒入食用油10毫升烧热，放入核桃仁，翻炒至熟透盛出装盘，再手动开火。

4 锅中倒入食用油10毫升烧热，放入山药、黑木耳，翻炒片刻，再加入盐1克、核桃仁，炒匀后再撒入葱花，盛出装盘即可。

专家叮咛

　　山药有促进消化、维持人体酸碱平衡的作用，能提高小儿免疫力，有止泻抑菌的功效。

佛手瓜炒鸡蛋

🕐 时间：4分钟

主料

佛手瓜	150 克
鸡蛋	50 克（1 个）

辅料

葱	3 克
盐	1 克
食用油	20 毫升
水	20 毫升

专家叮咛

佛手瓜肉质细嫩，炒时适合快炒，保留其鲜嫩的口感。

做法

1. 佛手瓜去皮，洗净，切薄片，压模；葱切葱花；取一空碗，打入鸡蛋1个，打散，备用。

2. 锅置于灶上，倒入食用油10毫升烧热，倒入蛋液，炒至凝固，盛出鸡蛋，再手动开火。

3. 锅置于灶上，倒入食用油10毫升烧热。

4. 倒入佛手瓜，炒至断生。

5. 放入鸡蛋，加入盐1克、水20毫升，翻炒片刻。

6. 撒入葱花，盛出装盘即可享用啦。

虾仁豆腐羹

⏱ 时间：7分钟

主料

虾仁	50克
嫩豆腐	30克
毛豆粒	15克
香菇	10克
胡萝卜	10克

辅料

葱	3克
柠檬片	3克
盐	1克
水淀粉	15毫升
食用油	10毫升
水	650毫升

做法

1. 豆腐切1厘米大小的小粒；胡萝卜去皮，切1厘米大小的小粒；香菇洗净，备用；葱切葱花。

2. 虾仁装碗，放上柠檬片3克，腌制15分钟，备用。

3. 锅中倒入水300毫升，烧开，放入胡萝卜丁、毛豆粒，焯水1分钟，捞出沥干；再放入香菇，焯水30秒，捞出沥干。

4. 将香菇切成碎末，备用。

5. 锅置于灶上，倒入食用油10毫升烧热，放入毛豆粒、胡萝卜、香菇，炒匀，再倒入水350毫升，加入豆腐，炖煮。

6. 放入虾仁，煮至虾仁熟透，再倒入盐、水淀粉，拌匀后撒入葱花，盛出装碗即可享用啦。

平底锅版小饼干

🕐 时间：6分钟

主料

低筋面粉	105 克
鸡蛋	50 克（1 个）
海苔肉松	30 克

辅料

玉米油	15 毫升
食用油	10 毫升

专家叮咛

鸡蛋含有丰富的 B 族维生素，可以有效减少小儿癫痫发生的频率。

做法

1. 面粉装碗，打入鸡蛋1个，倒入玉米油15毫升，拌匀成絮状，备用。

2. 将絮状面团揉成光滑的面团。

3. 将面团擀成长方形薄片，撒入海苔肉松30克，撒匀，从下至上卷好，再压成三角形，用保鲜膜裹紧，放入冰箱冷冻2小时。

4. 取出长条形面团，切成0.5厘米厚的小片。

5. 锅置于灶上，倒入食用油10毫升烧热。

6. 放入小面片，煎至一面焦黄，翻面，将另一面也煎至焦黄，盛出装盘即可享用啦。

紫薯粗粮披萨

🕐 时间：8分钟

主料

紫薯	80 克
中筋面粉	60 克
牛奶	40 毫升
奶酪碎	30 克
鲜玉米粒	30 克
胡萝卜	20 克
即食燕麦片	15 克

辅料

炼乳	15 克
酵母	1 克
食用油	15 毫升
水	1000 毫升

做法

1. 紫薯、胡萝卜去皮，切小粒，分别装入蒸盘中。

2. 锅中倒入水1000毫升，放上蒸盘，加盖蒸至彻底熟透，取出，将紫薯倒入大碗中，捣成泥状。

3. 加入牛奶、酵母，持续搅拌至酵母完全化开。倒入即食燕麦片、中筋面粉，充分搅拌匀，揉搓成光滑的面团，再盖上保鲜膜，发酵至2倍大。

4. 将发酵好的紫薯面团揉匀排气，擀成0.5厘米厚的圆饼状。

5. 锅置于灶上，锅中倒入食用油15毫升刷匀，放入紫薯饼坯铺平，煎制。

6. 在饼坯表面刷上一层炼乳，再铺上玉米粒、胡萝卜粒、奶酪碎，加盖煎至熟透后，盛出切块即可。

第七章

2~3岁,
尝试像大人一样吃饭

妈妈应注意的问题

1 保证宝宝食物的多样性

宝宝的食物要多样化，以提供牙齿发育所需的丰富营养物质。蛋白质对牙齿的构成、发育、钙化有重要的作用；维生素可以调整人体机能，维生素D的来源主要有干果类、鱼肉类食物并且适量晒太阳，也可以补充人体所需；富含维生素C的食物主要有柑、橘、生西红柿、卷心菜或其他绿色蔬果；此外，其他如A或B族维生素也应注意补充。

2 培养吃饭的能力

2～3岁的宝宝即将入园，面临着步入"社会"的挑战，锻炼好好吃饭的能力显得非常紧迫了。否则入园后，如果宝宝在吃饭能力上落后，势必会影响到身体的发育。一方面要培养宝宝进食的规律性，定时定量；另外一方面要注意宝宝是否有挑食、偏食、喜欢吃零食的习惯。

除了培养良好的饮食习惯，还要锻炼宝宝的动手能力，放手让宝宝自己尝试用勺、碗吃饭，同时要让宝宝意识到，错过吃饭时间，可口的食物就会不见了，如果不自己吃饱，别人不会替你操心。

3 常吃些粗糙耐嚼的食物

如果宝宝长期吃细软食物，会影响牙齿及上下颌骨的发育。因为婴幼儿咀嚼细软食物时费力小，咀嚼时间也短，可引起咀嚼肌发育不良，结果上下颌骨都不能得到充分发育，而此时牙齿仍然在生长，就会出现牙齿拥挤、排列不齐及其他类型的牙颌畸形和颜面畸形。

常吃些粗糙耐嚼的食物，可锻炼幼儿的咀嚼能力。乳牙的咀嚼是一种功能性刺激，有利于颌骨的发育和恒牙的萌出，对于保证乳牙排列的形态完整和功能完善很重要。幼儿平时宜吃的一些粗糙耐嚼的食物，比如白薯干、肉干、生黄瓜、水果、萝卜等。

4 注意宝宝的龋齿问题

事实上，长不长龋齿并不是吃糖多少的问题，关键在宝宝吃糖的频率。比如10块糖分10次吃的话，口腔产生的酸会慢慢腐蚀宝宝的牙齿，但如果是一次性吃完漱口的话，就不会造成反复腐蚀了。

因此，建议家长要控制好宝宝吃糖的频率，或者在宝宝吃完糖之后及时给宝宝喝水，清洗口腔。

懒人生煎

🕐 时间：8分钟

主料

圆白菜	50 克
鸡蛋	50 克（1个）
木耳	20 克
粉丝	20 克
饺子皮	18 克
虾皮	4 克
香菇	1 个

辅料

黑芝麻	2 克
盐	1 克
食用油	15 毫升
水	330 毫升

做法

1. 粉丝加水300毫升，浸泡20分钟，捞出沥干。

2. 将木耳、香菇分别切成碎末；粉丝切小段；圆白菜切丝。

3. 圆白菜装碗，加入盐1克，拌匀，静置5分钟。

4. 粉丝装碗，打入鸡蛋1个，加入香菇、木耳、虾皮、圆白菜，倒入食用油5毫升，拌匀成馅料。

5. 将饺子皮擀薄，放入适量馅料，收口包紧成小包子形状，制成小包子生坯，备用。

6. 锅置于灶上，倒入食用油10毫升烧热，放入小包子生坯，煎至底部微黄，再倒入水30毫升，盖上锅盖，焖煎片刻，揭盖，撒入黑芝麻2克，盛出装盘即可享用。

樱桃豆腐

⏱ 时间：9分钟

主料

豆腐	100 克
樱桃	20 克

辅料

盐	0.5 克
白糖	1 克
水淀粉	6 毫升
食用油	15 毫升
水	50 毫升

专家叮咛

豆腐所含营养极高，对牙齿、骨骼的生长发育有一定促进作用。

做法

1 豆腐切成2厘米大小的方块；樱桃洗净，对半切开，去核，备用。

2 锅置于灶上，倒入食用油15毫升烧热。

3 放入豆腐块，煎至一面焦黄。

4 翻面，将另一面也煎至焦黄，盛出豆腐块，装盘备用，再手动开火。

5 锅中倒入水50毫升，放入樱桃、盐0.5克、白糖1克，炖至入味。

6 放入豆腐块，炒匀，再加入水淀粉6毫升，炒匀后，盛出装盘即可享用啦。

扫一扫学做菜

核桃虾仁汤

🕐 时间：5分钟

主料	
虾仁	80 克
核桃	20 克
鲜香菇	10 克

辅料	
葱	5克(1/2根)
盐	1 克
鸡粉	1 克
柠檬汁	2 毫升
食用油	15 毫升
水	300 毫升

做法

1. 虾仁洗净，切小丁，备用；核桃洗净，切小丁；鲜香菇洗净，切末；葱切葱花。

2. 虾仁装碗，加入柠檬汁2毫升，拌匀，腌制30分钟，备用。

3. 锅置于灶上，倒入食用油15毫升烧热。

4. 放入虾仁，炒至变色，加入核桃仁、鲜香菇，炒出香味，放入盐1克、鸡粉1克，再倒入水300毫升，炖煮至熟透入味，最后撒入葱花，盛出装碗即可享用啦。

专家叮咛

购买虾仁时，选购表面略带青灰色或有桃仁网纹，前端粗圆，后端尖细，呈弯钩状的。

胡萝卜丝蒸小米饭

🕐 时间：34分钟

主料	
小米	80 克
胡萝卜	20 克

辅料	
水	1900 毫升

专家叮咛

胡萝卜是碱性食物，其所含的果胶能使大便成形，既能调节体内酸碱平衡，又能止泻抑菌。

做法

1 小米装碗，加入水300毫升，浸泡1小时，洗净，捞出沥干，备用。

2 小米装入蒸碗，加入水100毫升，备用。

3 胡萝卜去皮，切片，再切成细丝，备用。

4 锅中倒入水1500毫升，放上蒸帘，盖上锅盖，烧开。

5 揭盖，放上装有小米的蒸碗，再盖上锅盖，蒸至小米熟透。

6 揭盖，放入胡萝卜丝，盖上锅盖，继续蒸制片刻，最后揭盖，取出即可享用啦。

酸甜鹰嘴糕

🕐 时间：48分钟

---- 主料 ----

土豆	150克（1个）
鹰嘴豆	60克
山楂条	15克

---- 辅料 ----

蔓越莓	5克
椰蓉	15克
白糖	10克
水	1000毫升

做法

1. 鹰嘴豆提前放入容器中，浸泡一夜后沥干水分，备用。

2. 山楂条切小丁；土豆去皮，切小块，装入蒸盘中，待用。

3. 锅中倒入水1000毫升，加入鹰嘴豆，加盖熬煮，捞出煮好的鹰嘴豆，沥干水分，逐个去皮，捣成泥状。

4. 将装有山楂条和土豆的蒸碗入锅，加盖蒸至熟透，取出土豆捣成泥，然后与鹰嘴豆泥、白糖混合均匀，捏成小饼，再包入山楂，搓成一个个小圆球，再裹上一层椰蓉，点缀上蔓越莓即可享用。

专家叮咛

鹰嘴豆含有膳食纤维、蛋白质、B族维生素、钙、锌、镁、磷等营养成分，对儿童智力发育、骨骼生长有重要作用。

红薯黄油饼

⏱ 时间：7分钟

主料

低筋面粉	80 克
红薯	2 个
熟蛋黄	40 克
白糖	40 克
玉米淀粉	80 克
无盐黄油	80 克
牛奶	35 毫升

专家叮咛

红薯本身就有甜味，因此不宜放太多糖。

做法

1 红薯去皮，切小块，装入蒸碗，备用。

2 将红薯放入锅中蒸至熟透，取出红薯，捣成泥。

3 熟蛋黄捣成蛋黄泥；无盐黄油隔水融化，再用打蛋器打发，加入白糖40克，继续打发1分钟。

4 将低筋面粉和玉米淀粉装碗，拌匀，过筛，再倒入装有黄油的碗中，加入蛋黄泥、红薯泥，加入牛奶拌匀，揉成光滑的面团。

5 将面团分成若干个均等的剂子，再将剂子揉成圆饼形状，制成酥饼生坯，备用。

6 锅置于灶上，放入酥饼生胚，煎至一面焦黄，翻面，将另一面也煎至焦黄，剩余生坯照此法制作，盛出装盘即可享用啦。

红薯肉松饭团

⏱ 时间：8分钟

— 主料 —

红薯	200 克
米饭	150 克
肉松	20 克
面粉	15 克
黄油	20 克
水	1000 毫升

扫一扫学做菜

— 做法 —

1 红薯去皮，切小块，装入蒸盘，准备蒸制。

2 锅中倒入水1000毫升，放入蒸盘，加盖蒸至熟软，取出红薯，捣成泥状，再加入米饭、面粉，混合均匀。

3 取混合好的一小团红薯饭团，压平，中央放上肉松，收紧口，再将剩余红薯饭团均也按此操作完。

4 锅置于灶上，倒入黄油20克，加热至融化，放入饭团坯，煎至微黄，翻面，将另一面也煎至微黄，盛出即可享用。

专家叮咛

红薯含有的黏液蛋白，能提高宝宝免疫力；其所含的钙和镁，能预防宝宝骨质疏松症。

鸡肉板栗小饼

⏱ 时间：7分钟

主料

鸡胸肉	50克
鸡蛋	50克（1个）
熟板栗仁	30克
包菜	15克

辅料

玉米粉	30克
土豆淀粉	10克
白糖	5克
食用油	10毫升
水	30毫升

做法

1. 包菜切成碎末；鸡胸肉切成末。

2. 熟板栗仁放入碗中，捣成泥状。

3. 将鸡肉末装入碗中，加入板栗末、包菜末、玉米粉30克、土豆淀粉10克、白糖5克、水30毫升、鸡蛋1个，拌匀成稠稠的糊状。

4. 锅置于灶上，倒入食用油10毫升，刷匀烧热。

5. 将搅好的鸡肉板栗糊分多份连续倒入，摊平成圆饼状，煎至定型。

6. 逐个翻面，将另一面煎至呈金黄色且全部熟透，盛出就可享用美味的鸡肉板栗饼了。

虾仁火龙果炒饭

时间：6分钟

米饭	150 克	虾仁	40 克
火龙果	60 克	胡萝卜	20 克
西葫芦	40 克		

辅料

柠檬片	2 克	食用油	10 毫升

做法

1 火龙果、西葫芦、胡萝卜分别切成小丁；虾仁切丁，备用。

2 虾仁丁装碗，放上柠檬片，腌制15分钟，备用。

3 锅置于灶上，倒入食用油10毫升烧热，放入胡萝卜丁，炒至变色，再放入虾仁丁、西葫芦丁，翻炒至虾仁变色。

4 加入米饭，翻炒均匀，最后加入火龙果，翻炒均匀，盛出即可。

芋泥黑米包

🕐 时间：15分钟

面粉	150 克
香芋	100 克
黑米	25 克
大米	15 克
鸡蛋	50 克（1 个）

辅料

白糖	5 克
酵母	2 克
牛奶	40 毫升
水	1120 毫升

做法

1　香芋去皮，切成小块，放入蒸盘中待用。

2　将黑米和大米倒入碗中，再倒入水120毫升。

3　将芋头蒸至熟透后，取出，捣成泥状；将米饭蒸至熟透后，取出，加入白糖，拌匀。

4　面粉装碗，加入鸡蛋1个、酵母2克、牛奶40毫升，搅拌成棉絮状，揉成光滑的面团，封上保鲜膜，发酵，再撕去保鲜膜，揉匀排气，再将面团分成均等的剂子，揉成圆球，擀成饼状。

5　饼中间先放上一层芋泥，再加入一层黑米饭，从一端向另一端收紧口，静置饧发20分钟。

6　锅中倒入水1000毫升，放上蒸帘，放上装有食材的蒸碗，加盖蒸至熟透后，取出即可享用。

香软紫薯饼

🕐 时间：7分钟

主料

紫薯	150 克（2个）
糯米粉	150 克
白芝麻	2 克
炼乳	10 克

辅料

白糖	5 克
牛奶	40 毫升
食用油	20 毫升
开水	100 毫升
水	1000 毫升

做法

1 紫薯去皮，切小块。

2 锅中倒入水1000毫升，放入紫薯，蒸至熟软，取出紫薯，捣成泥状。

3 将炼乳、牛奶、糯米粉倒入碗中，加入白糖，混合均匀，再加入开水100毫升，揉成光滑的糯米面团，再将紫薯泥与面团混合，搅拌均匀。

4 将紫薯面团分成均等的小剂子，压扁成饼坯，逐个将饼坯两面沾匀白芝麻，待用。

5 锅中倒入食用油20毫升烧热，放入紫薯饼坯，用锅铲轻轻压扁，煎至底部微黄。

6 翻面，将另一面煎至熟透后，盛出即可享用。

蛋抱米饭团子

⏱ 时间：12分钟

主料

大米	40 克
饺子皮	10 张
胡萝卜	20 克
香菇	20 克
鸡蛋	100 克（2 个）
葱	10 克（1 根）

辅料

香菇粉	1 克
熟黑芝麻	1 克
盐	1 克
儿童酱油	5 毫升
食用油	15 毫升
水	130 毫升

做法

1. 大米泡发，淘洗干净后沥干。蒸碗中倒入大米，加入盐、儿童酱油、香菇粉、水120毫升，拌匀。

2. 胡萝卜、香菇切末；葱切葱花；鸡蛋搅散待用。

3. 将米饭入锅蒸熟后取出，加入胡萝卜末、香菇末、葱花，搅拌均匀。

4. 取一张饺子皮，边缘处抹上少许水，中央放上适量米饭，将面皮粘合在一起，收紧口制成饭团坯子，逐个将剩余的饺子皮按此操作完成。

5. 锅置于灶上，倒入食用油15毫升，刷匀后加热。

6. 逐个放入饭团坯子，加入水10毫升，加盖，煎至底部呈金黄色，向缝隙中倒入打好的鸡蛋液，煎至凝固熟透，撒入熟黑芝麻，盛出即可享用了。

芦笋白玉菇炒虾仁

🕐 时间：7分钟

───── 主料 ─────

芦笋	150 克
白玉菇	100 克
虾仁	100 克

───── 辅料 ─────

葱	10 克（1根）
蒜瓣	10 克（2瓣）
盐	1.5 克
蚝油	5 克
水淀粉	20 毫升
食用油	15 毫升
料酒	5 毫升
水	600 毫升

───── 做法 ─────

1 白玉菇去根部，切长段；芦笋去根部，切段；蒜瓣切片；葱切段。

2 虾仁装入碗中，加入盐1克、料酒5毫升、水淀粉5毫升，拌匀腌制入味。

3 锅中倒入水600毫升，煮开，倒入芦笋煮至断生，捞出过凉水待用。

4 锅置于灶上，倒入食用油15毫升烧热。

5 倒入蒜片、葱段，爆出香味，加入腌制好的虾仁，拌炒至变色。

6 倒入白玉菇、芦笋，炒匀后加入盐0.5克、蚝油5克，炒匀，最后加入水淀粉15毫升，炒匀后盛出装盘即可享用啦。

糖醋鸡柳

🕐 时间：9分钟

主料

鸡胸肉	380 克
鸡蛋	50 克（1个）

辅料

熟白芝麻	1 克
姜	5 克
白糖	10 克
番茄酱	20 克
盐	0.5 克
干淀粉	22 克
果醋	3 毫升
食用油	600 毫升
水	110 毫升

做法

1. 鸡胸肉切成小条状，备用；姜切片。

2. 鸡胸肉装碗，加入姜片，加入盐0.5克，拌匀，腌制15分钟，备用。

3. 将鸡蛋打散，再将鸡柳裹匀蛋液，将每条鸡胸肉均匀的裹上一层淀粉。

4. 取一空碗，加入番茄酱20克、白糖10克、干淀粉2克、果醋3毫升、水50毫升，搅拌均匀。

5. 将锅中的水分擦干，倒入食用油600毫升烧热，放入鸡胸肉，炸至表面微黄，盛出装盘，再手动开火。

6. 锅中倒入水60毫升，加入酱汁，搅拌均匀至黏稠后放入鸡胸肉，使每条鸡胸肉都裹匀酱汁，最后撒入熟白芝麻1克，盛出装盘即可享用啦。

扫一扫学做菜

鲜菇蒸虾盏

时间：14分钟

主料	
虾仁	80克
鲜香菇	15克
胡萝卜	10克
彩椒	5克

辅料	
鲜菇粉	1克
儿童酱油	2毫升
柠檬汁	2毫升
水	1500毫升

扫一扫学做菜

做法

1 虾仁剁成虾泥；鲜香菇去蒂，洗净；胡萝卜切末；彩椒切末。

2 取一空碗，放入虾泥，加入胡萝卜末、彩椒末，再加入鲜菇粉1克、儿童酱油2毫升、柠檬汁2毫升，拌匀，备用。

3 将拌好的虾泥分成若干等份，依次放于鲜香菇伞中，再将香菇装入蒸盘中，备用。

4 锅中倒入水1500毫升，放上蒸帘，放上装有鲜菇的蒸盘，盖上锅盖，蒸至香菇熟透后，揭盖取出即可享用啦。

专家叮咛

买冻虾仁要认真挑选，新鲜和质量上乘的冻虾仁应是无色透明、手感饱满并富有弹性。

菊花枸杞瘦肉粥

时间：34分钟

主料

猪瘦肉	100 克	枸杞	10 克
大米	30 克	菊花	5 克

辅料

盐	2 克	食用油	5 毫升
水淀粉	10 毫升	水	700 毫升

做法

1 菊花、枸杞装碗，加清水清洗干净；大米装碗，加清水泡发。

2 猪瘦肉切丝，装碗，加盐1克、水淀粉10毫升、食用油5毫升，拌匀腌渍10分钟。

3 锅中倒入水700毫升，倒入泡发好的大米、菊花、枸杞，拌匀，盖上盖，煮至沸腾。

4 倒入肉丝，拌匀，煮至肉色发白，再加入盐1克，拌匀，盛出即可享用啦。

扫一扫学做菜

炸香蕉　⏱ 时间: 6分钟

香蕉　　　　　300 克　　　鸡蛋　　　　　100 克（2 个）

辅料

面包糠　　　　60 克　　　　食用油　　　　500 毫升
干淀粉　　　　20 克

做法

1　香蕉去皮，切小段，备用。

2　取一空碗，打入鸡蛋2个，打散，备用。

3　先将香蕉裹匀干淀粉，再裹匀鸡蛋液，最后裹匀面包糠，准备炸制了。

4　将锅中的水分擦干，倒入食用油500毫升烧热，放入香蕉，炸至焦黄，盛出装盘即可享用啦。

香蕉派

时间: 5分钟

主料

香蕉	150 克	食用油	500 毫升
馄饨皮	40 克		

做法

1 香蕉去皮，切小段，再改切成小块，备用。

2 馄饨皮摊开，在馄饨皮中心位置放入适量香蕉片，先由两边向中心对折馄饨皮，再将左右两端的馄饨皮沾水，压紧，用叉子印上花边。

3 将锅中的水分擦干，倒入食用油500毫升烧热。

4 放入包好的馄饨，炸至金黄，盛出装盘即可享用啦。

专家叮咛

香蕉中含有的维生素A能增强人体对疾病的抵抗力，是维持正常视力所必需的。此外，它还含有硫胺素，能促进食欲，助消化。

扫一扫学做菜

奶香小油条

时间：6分钟

主料	
面粉	150克
鸡蛋	50克（1个）

辅料	
白糖	10克
盐	1克
酵母	2克
牛奶	35毫升
食用油	510毫升

专家叮咛

自制油条给宝宝食用，不建议使用泡打粉，用酵母也能起到蓬松的效果，而且更安全。

扫一扫学做菜

做法

1 面粉装碗，打入鸡蛋1个，加入酵母2克、白糖10克、盐1克、牛奶35毫升、食用油10毫升，拌匀，揉成光滑的面团，备用。

2 面团装碗，封上保鲜膜，静置发酵30分钟。

3 揭开保鲜膜，将面团擀成0.2厘米厚的薄饼状，再将薄饼横切成1.5厘米宽的小长条。

4 将两个小长条重叠，捏紧，再用筷子竖着从中间压一道痕迹，制成小油条生坯，剩余材料照此法制作，备用。

5 将锅中的水分擦干，倒入食用油500毫升烧热。

6 放入小油条，不时翻动，炸至金黄后，盛出装盘即可享用啦。

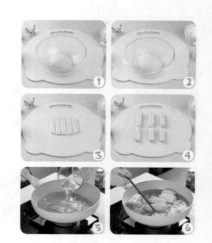

夹心芝麻饼

🕐 时间：24分钟

主料

中筋面粉	150 克
豆沙	50 克

辅料

白芝麻	10 克
酵母	1.5 克
食用油	10 毫升
水	1280 毫升

专家叮咛

　　芝麻中含有的膳食纤维非常丰富，能促进肠道蠕动，起到润肠通便的功效，尤其适合便秘的宝宝食用。

做法

1. 将面粉、酵母、水80毫升混合，揉成面团，饧发10分钟。

2. 将面团分成两份，一份130克，一份100克。

3. 取较大的面团，擀成长方形薄片，放入豆沙，抹匀，再将面片卷起，备用。

4. 取小面团，擀成薄饼状，再放入豆沙卷，收口包起，再倒扣整理成圆形，在圆形大饼表面刷一层清水，再均匀地裹上一层白芝麻，静置发酵2小时后，将大饼装入蒸碗。

5. 锅中倒入水1200毫升，煮沸，蒸至大饼熟透，揭盖取出备用，再手动开火。

6. 锅中倒入食用油10毫升，烧热，放入大饼，煎至两面焦黄，再将大饼边缘煎至焦黄即可享用啦。

牛奶糕

🕐 时间：55分钟

主料	
鸡蛋	100克（2个）
蛋黄	2个
白糖	5克
炼乳	10克
玉米淀粉	60克
牛奶	300毫升
食用油	20毫升
水	1200毫升

专家叮咛

　　牛奶中富含蛋白质、铁、钙等营养素，带着奶香味的糕点，软和香甜，适合宝宝食用。

做法

1. 蛋黄装碗，加入炼乳10克、白糖5克，打成蛋黄糊，在蛋黄糊中加入牛奶300毫升、玉米淀粉60克，再次搅拌至细腻，隔去浮泡，倒入锅中，加热并搅拌至粘稠状。

2. 取一长方形蒸碗，用食用油5毫升刷匀。

3. 取一空碗，打入鸡蛋2个，打散，再将拌好的蛋黄糊倒入蒸碗中，备用。

4. 锅中倒入水1200毫升，放上蒸帘，煮至沸腾后，揭盖，放上装有蛋黄糊的蒸碗，蒸至熟透，取出晾凉，切成条，先后裹匀淀粉和蛋液。

5. 锅中倒入食用油15毫升烧热，放入牛奶条，煎至四面微黄后，盛出装盘即可享用。

山药玉米丸子汤

⏱ 时间：49分钟

·········· 主料 ··········

猪肉末	100 克
马蹄	25 克
山药	50 克
胡萝卜	30 克
玉米	80 克
蛋清	20 克

·········· 辅料 ··········

葱	5 克
盐	1 克
香菇粉	1 克
儿童酱油	10 毫升
玉米淀粉	5 克
水	1500 毫升

········· 做法 ·········

1 马蹄去皮，剁成末；葱切葱花；胡萝卜去皮切小块；山药去皮，切小块；玉米剥粒。

2 猪肉末装碗，加入马蹄末、儿童酱油10毫升、葱花、蛋清20克、玉米淀粉5克，搅拌均匀。

3 锅置于灶上，倒入水1500毫升，加入胡萝卜、山药、玉米粒，加盖，煮至食材熟透。

4 揭盖，将拌好的肉末用手从虎口挤出丸子，逐个放入锅内，煮至熟透，再加入盐1克、香菇粉1克，拌匀调味，盛出即可享用美味。

扫一扫学做菜

消食小甜汤

时间：47分钟

圣女果	150 克	黄冰糖	20 克
山楂干	10 克	水	800 毫升
银耳	5 克		

辅料

1 山楂干加清水泡发；银耳撕成小朵；圣女果逐个剥除表皮，待用。

2 锅置于灶上，倒入水800毫升，加入泡发好的山楂干，加盖，煮至沸腾。

3 揭盖，倒入银耳，加盖炖煮至出胶，揭盖，放入圣女果，炖煮。

4 加入黄冰糖20克，拌匀煮至完全融化后，盛出浸泡2小时后再享用更美味。

专家叮咛

　　圣女果和山楂都有开胃消食的功效，适合作为宝宝的开胃菜，但是宝宝不宜过多食用山楂，以免引起胃酸反流。

154

明目枸杞猪肝汤

🕐 时间：6分钟

主料

猪肝	60 克
猪肉末	30 克
枸杞	2 克
枸杞叶	5 克

辅料

盐	1 克
儿童酱油	2 毫升
料酒	3 毫升
香油	2 毫升
水	300 毫升

做法

1 猪肝洗净，切薄片，备用；枸杞叶洗净，备用。

2 猪肝装碗，加入盐1克、儿童酱油2毫升、料酒3毫升，拌匀，腌制10分钟，备用。

3 锅中倒入水300毫升，煮至沸腾。

4 揭盖，放入猪肉末，炖煮至熟透。

5 放入猪肝、枸杞，炖煮至熟透，再放入枸杞叶，煮至断生。

6 淋入香油2毫升，盛出装碗即可享用啦。

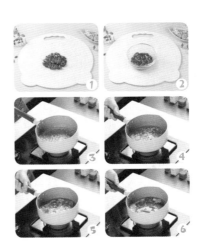

生蚝豆腐汤

⏱ 时间：12分钟

主料	
豆腐	200 克
蚝仔	100 克
鲜香菇	40 克
胡萝卜	15 克

辅料	
姜	5 克
葱	10 克（1 根）
盐	2 克
白糖	2 克
白胡椒粉	1 克
食用油	15 毫升
水	500 毫升

扫一扫学做菜

做法

1 将豆腐切1厘米的小方块；香菇切条；胡萝卜去皮，切小片；生姜切小片；葱白切段，葱叶切葱花。

2 锅置于灶上，倒入食用油15毫升烧热。

3 放入香菇、胡萝卜、姜片、葱白，煸炒变软，倒入水500毫升，盖上锅盖，煮至沸腾。

4 揭盖，倒入豆腐块、蚝仔，拌匀煮开，再倒入盐2克、白糖2克、白胡椒粉1克，拌匀，最后撒入葱花，盛出装碗即可享用啦。

专家叮咛

放入豆腐后，搅拌的动作要轻一些，以免将豆腐弄碎。

第八章

4~6岁，营养均衡最重要

妈妈注意的问题

 饮食平衡

儿童在 4 ～ 6 岁时，新陈代谢比较旺盛，也有较大活动量，每天需要的热量达到 1400 ～ 1700 千卡。在摄入足够热量的同时也要保持饮食平衡，注意食物的全面性、多样性，荤素配合，粗细搭配。注意不要强迫儿童食用不爱吃的食物，可变换蔬菜的种类、烹制方式、食材搭配，使儿童逐渐爱上这些食物。

2 补充特殊营养

多吃营养丰富的特殊食物，比如动物肝脏、紫菜、海带、核桃、瓜子、花生等，少食用辛辣刺激的食物。

鱼类含有 DHA，对人脑发育有极大的帮助；动物内脏、蘑菇、豆制品等也对孩子的智力发展有利，可适当补充。给宝宝准备的食物尽量是绿色无污染的，宝宝的身体才能更健康哦。

③ 增进食欲

　　儿童的好奇心较强，易被食物的色彩、外形所影响。给儿童食用的食物要注意色、香、味等特点，勾起儿童的食欲。家长可以给儿童烹制丰富食物，可允许儿童选择营养成分相当的食物，也给儿童一定的"自由度"；营造整洁、舒服、安静的用餐环境，用餐期间不要对儿童进行责骂，让孩子有一个轻松、愉快的就餐氛围。

④ 在菜式上下工夫

　　在营养均衡的前提下，孩子的食物种类可丰富多样，不仅能避免饮食单调，还能刺激食欲。以日常主食为例，除了白米饭、面条，在孩子消化能力允许的条件下可适量喂食燕麦、小米、黑米、玉米等食物。

　　与此同时，将食物做得色、香、味、形俱全，也是增进孩子食欲的一个重要方面。

玉子虾仁

🕐 时间：15分钟

主料

日本豆腐	250 克
西蓝花	100 克
虾仁	80 克
豌豆	10 克

辅料

白糖	5 克
盐	5.5 克
鸡粉	4 克
胡椒粉	0.5 克
蚝油	15 克
水淀粉	15 毫升
食用油	35 毫升
水	920 毫升

做法

1 虾仁洗净；日本豆腐洗净，切成小段；豌豆洗净；西蓝花切小朵。

2 将虾仁装盘，加入鸡粉1克、胡椒粉0.5克、食用油10毫升，拌匀，腌制15分钟。

3 将日本豆腐装盘，放上腌好的虾仁，准备蒸制。

4 锅中倒入水600毫升，烧开，放入西蓝花、豌豆，加入盐5克、白糖2克、鸡粉2克、食用油10毫升，焯水1分钟至断生后捞出沥干。

5 日本豆腐入蒸锅蒸至熟透，取出，摆上西蓝花。

6 锅中倒入食用油15毫升烧热，放入盐0.5克、水淀粉15毫升、白糖3克、鸡粉1克、水120毫升、蚝油15克，再加入豌豆，炒匀后，将料汁淋在装有虾仁的盘子即可享用啦。

彩色凉皮

🕐 时间：10分钟

主料

中筋面粉	100 克
黄瓜	50 克
胡萝卜	20 克
豆芽	20 克

辅料

黑芝麻	2 克
芝麻酱	10 克
盐	1 克
红心火龙果汁	50 毫升
香麻油	2 毫升
食用油	5 毫升
水	2550 毫升

做法

1. 将面粉50克装碗，加入盐0.5克，分次倒入水100毫升，搅拌成浓稠的面糊，备用。

2. 另取一碗，加入面粉50克，加入盐0.5克、红心火龙果汁，分次倒入水50毫升，搅拌成浓稠的面糊，备用。

3. 胡萝卜切细丝；黄瓜切细丝；豆芽摘去根部，洗净备用。

4. 胡萝卜、豆芽分别入锅焯水，捞出沥干备用。

5. 将两份面糊分别倒入刷好油的盘中，轻轻摇匀；碗中加入芝麻酱、香麻油，拌匀成酱汁，备用。

6. 将红色面糊和白色面糊分别入锅蒸至熟透，取出蒸盘，将面皮切小条，装入装有蔬菜的盘中，再撒入黑芝麻，搭配酱汁即可享用啦。

扫一扫学做菜

牛肉奶酪锅盔

🕐 时间：7分钟

主料

牛肉末	100 克
面粉	100 克
奶酪碎	20 克

辅料

葱	10 克（1 根）
白芝麻	5 克
酵母	1 克
儿童酱油	15 毫升
水淀粉	10 毫升
食用油	20 毫升
水	60 毫升

做法

1. 牛肉末装碗，加入儿童酱油15毫升、水淀粉10毫升、葱花及食用油5毫升，拌匀腌制10分钟。

2. 将面粉100克、酵母1克、水60毫升混合，揉成光滑的面团，室温发酵至原来的2倍大。

3. 将面团擀成圆饼状，面饼中央放上牛肉馅料，再放入一层奶酪碎，收口，再稍微压扁，再在表面刷上清水，一面沾匀白芝麻。

4. 将锅中倒入食用油15毫升烧热，放入饼坯煎至熟透，盛出即可。

专家叮咛

牛肉含有足够的维生素 B6，可帮助宝宝增强免疫力，且牛肉含有较高的铁，能补充小儿腹泻体内流失的铁。

太阳花蛋包饭

🕐 时间：11分钟

主料

米饭	200 克
鸡蛋	100 克（2 个）
猪瘦肉	50 克
鲜虾仁	50 克
罐头玉米粒	30 克
豌豆粒	30 克

辅料

盐	1.5 克
生抽	15 毫升
料酒	15 毫升
食用油	30 毫升
水	600 毫升

做法

1 虾仁切丁；猪瘦肉洗净，切丁。

2 将虾仁丁、猪瘦肉丁装碗，加入料酒15毫升，拌匀，腌制15分钟。

3 取一空碗，打入鸡蛋2个，加入盐1克，打散。

4 锅中倒入水600毫升，烧开，放入玉米粒、豌豆粒，焯水5分钟左右至熟透，捞出沥干。

5 锅置于灶上，倒入食用油15毫升烧热，放入虾仁丁和瘦肉丁、玉米粒、豌豆粒20克，再倒入米饭，加入盐0.5克、生抽15毫升，炒散至香后，将米饭盛出备用，再将锅洗净，并手动开火。

6 锅中倒入食用油15毫升烧热，放入鸡蛋液，将鸡蛋煎成圆饼状后盛出，切成条和印出圆片状，编织铺在炒饭上，用剩余豌豆粒点缀后即可享用。

163

迷你汉堡肉

🕐 时间：13分钟

主料

猪肉泥	150 克
鸡蛋	150 克（3 个）
白洋葱	30 克
奶酪碎	20 克
西葫芦	80 克
面粉	15 克

辅料

盐	2 克
儿童酱油	10 毫升
食用油	20 毫升
水	500 毫升

扫一扫学做菜

做法

1. 白洋葱切末；西葫芦切圆片。

2. 将鸡蛋2个打入碗中，打散，备用。

3. 猪肉泥加入鸡蛋1个、白洋葱末、奶酪碎、儿童酱油10毫升、面粉，顺时针方向搅拌至肉泥上劲。

4. 锅中倒入水500毫升，烧开，放入西葫芦片，加入盐2克，拌匀煮至熟捞出。

5. 锅中倒入食用油10毫升烧热，取适量肉泥，逐个放入锅中，整理成圆饼状，煎制两面焦香熟透，盛出备用，再手动开火。

6. 锅中再倒入食用油10毫升烧热，倒入蛋液摊平，煎至熟透后，盛出蛋皮，用圆形模具压出圆形，再按肉饼、西葫芦、蛋皮、肉饼的顺序依次叠放好，美味的迷你汉堡就可享用了。

香葱苦瓜圈

🕐 时间：7分钟

主料

苦瓜	120 克
面粉	50 克

辅料

葱白	10 克
番茄酱	30 克
盐	1 克
吉士粉	2 克
食用油	500 毫升
水	80 毫升

做法

1 苦瓜洗净，去瓤，切成1厘米厚的小圈；葱白切碎。

2 苦瓜装碗，加入盐1克，拌匀，腌制15分钟。

3 取一空碗，放入葱白、面粉50克、吉士粉2克，加入水80毫升，拌匀，备用。

4 将苦瓜均匀地裹上面粉糊，备用。

5 将锅中的水擦干，倒入食用油500毫升烧热，放入苦瓜圈，炸至微黄。

6 盛出装盘，再配上番茄酱30克即可享用啦。

扫一扫学做菜

荷香糯米蒸排骨

时间：80分钟

主料

排骨	100 克
糯米	70 克

辅料

荷叶	1 张
葱	3 克
盐	1 克
生抽	5 毫升
老抽	2 毫升
料酒	5 毫升
干淀粉	10 克
食用油	2 毫升
水	1600 毫升

做法

1. 排骨洗净，斩成1厘米大小的小块；葱切葱花；糯米装碗，加水300毫升，浸泡2小时，捞出，再加入生抽2毫升、食用油2毫升，拌匀。

2. 排骨装碗，加入盐1克、生抽3毫升、老抽2毫升、料酒5毫升，拌匀，腌制15分钟。

3. 往排骨中加入干淀粉10克和糯米，拌匀。

4. 荷叶装碗，加入开水100毫升，烫软后捞出沥干，放入蒸盘中垫底，备用。

5. 将搅拌好的排骨和糯米装碗，放入蒸盘中，备用。

6. 锅中倒入水1200毫升，放上蒸帘，烧开，放上装有食材的蒸盘，盖上锅盖，蒸至食材熟透，取出蒸盘，撒入葱花即可享用啦。

麻油猪肝

⏱ 时间：4分钟

主料

猪肝	100克

辅料

老姜	20克（10片）
盐	1克
麻油	20毫升
食用油	10毫升

做法

1. 猪肝洗净，切2厘米大小的片，备用；老姜去皮，切丝，备用。
2. 锅置于灶上，倒入食用油10毫升烧热。
3. 放入姜丝，爆香，放入猪肝，炒匀，再放入盐1克，继续炒匀。
4. 淋入麻油20毫升，炒匀后盛出装碗即可享用啦。

专家叮咛

猪肝洗净后需要用清水泡一小会儿，切片时才不容易切碎。

茄汁黄豆

🕐 时间：64分钟

————— 主料 —————

番茄	120 克
黄豆	100 克

————— 辅料 —————

食用油	10 毫升
水	2000 毫升

专家叮咛

　　黄豆富含蛋白质、钙、磷、铁、胡萝卜素、卵磷脂、植物胆固醇等，可以提高人体免疫力，促进儿童发育生长。

————— 做法 —————

1 黄豆装碗，加入水300毫升，浸泡12小时泡发，捞出沥干，放入蒸盘，备用。

2 番茄去皮，切丁，备用。

3 锅中倒入水1500毫升，放上蒸帘，放上装有黄豆的蒸盘，盖上锅盖，蒸至黄豆熟透。

4 取出蒸盘，备用，洗干净锅，再手动开火，锅置于灶上，倒入食用油10毫升烧热。

5 放入番茄丁，炒至出汁。

6 放入黄豆，加入水200毫升，炖煮至熟透后，盛出装碗即可享用啦。

蛤蜊豆腐炖海带

🕐 时间：8分钟

主料

海带	50 克
蛤蜊	50 克
豆腐	50 克
黄豆芽	20 克

辅料

盐	1.5 克
白醋	3 毫升
食用油	10 毫升
水	1000 毫升

做法

1. 海带洗净，切小菱形片；豆腐切成1厘米大小的小粒；黄豆芽去根，洗净，备用。

2. 蛤蜊加水300毫升，浸泡2小时，捞出沥干。

3. 锅中倒入水300毫升，烧开，放入海带，焯水2分钟捞出；放入豆腐，加入盐1克，焯水30秒捞出，备用。

4. 锅中倒入食用油10毫升，放入黄豆芽，炒匀。

5. 加入白醋3毫升，倒入水100毫升，炖煮片刻后捞出豆芽，装盘备用，再手动开火。

6. 锅中倒入水300毫升，放入海带、豆腐、黄豆芽，加入盐0.5克，再放入蛤蜊，炖煮至熟透后盛出装碗即可享用啦。

扫一扫学做菜

芹菜炒蛋

⏱ 时间: 2分钟

主料

鸡蛋	50克（1个）	食用油	10毫升
芹菜	20克	盐	0.5克

做法

1 芹菜洗净，切碎。

2 取一空碗，打入鸡蛋1个，加入芹菜碎，加入盐0.5克，拌匀，备用。

3 锅置于灶上，倒入食用油10毫升烧热。

4 放入芹菜鸡蛋液，翻炒均匀，盛出装碗即可享用啦。

专家叮咛

芹菜爽脆可口，不宜煮制过久，以免影响其口感。

松子香菇

⏱ 时间：10分钟

主料

松子仁	50 克
水发香菇	50 克

辅料

盐	1 克
鸡粉	1 克
食用油	10 毫升
水	300 毫升

扫一扫学做菜

做法

1 松子仁装碗，倒入水300毫升，泡发后洗净，捞出沥干，备用。

2 香菇切成细末，备用。

3 锅置于灶上，倒入食用油10毫升烧热。

4 放入松子仁、香菇末，加入盐1克、鸡粉1克，炒匀，盛出装盘即可享用啦。

专家叮咛

松子含有不饱和脂肪酸、谷氨酸、钙、铁、钾等营养成分，能软化血管、益智健脑。

扫一扫学做菜

火腿花菜

🕐 时间: 6分钟

······ 主料 ······

花菜	200 克	蒜瓣	5 克（1 瓣）
火腿	100 克		

······ 辅料 ······

盐	3 克	食用油	15 毫升
白糖	3 克	水	830 毫升
水淀粉	10 毫升		

······ 做法 ······

1 花菜切小块；火腿切片；蒜瓣切片。

2 锅中倒入水800毫升，加入盐2克、食用油5毫升，烧开，倒入花菜煮至断生，捞出待用。

3 锅置于灶上，倒入食用油10毫升烧热，倒入蒜片，爆香。

4 放入火腿片、花菜，炒匀，倒入水30毫升，加入盐1克、白糖3克，再倒入水淀粉10毫升，炒匀后盛出装盘即可享用啦。

奶香口蘑烧花菜

时间：10分钟

主料

口蘑	100 克
西蓝花	80 克
白花菜	80 克
胡萝卜	15 克

辅料

蒜瓣	5 克（1 瓣）
盐	1 克
白糖	2 克
香菇粉	1 克
食用油	15 毫升
水淀粉	15 毫升
水	1100 毫升

做法

1 口蘑去蒂，切十字花刀；西蓝花和白花菜均切小朵；胡萝卜切片，压模；蒜瓣切末。

2 锅中倒入水1000毫升，烧开，倒入西蓝花、白花菜、胡萝卜，焯水2分钟至断生，捞出过凉水沥干，备用。

3 锅置于灶上，倒入食用油15毫升烧热，放入口蘑、蒜瓣，煎炒出香味，再倒入水100毫升，焖煮至汤汁呈奶白色。

4 加入西蓝花、白花菜、胡萝卜，炒匀，加入盐1克、白糖2克、香菇粉1克，炒匀入味。

5 倒入水淀粉15毫升，炒匀。

6 盛出装碗即可享用啦。

扫一扫学做菜

五彩蔬菜牛肉串

🕐 时间：16分钟

———— 主料 ————

牛肉	150 克
红彩椒	150 克（1 个）
黄彩椒	150 克（1 个）
西蓝花	100 克
洋葱	60 克

———— 辅料 ————

生姜	15 克
蜂蜜	15 克
盐	2 克
生抽	15 毫升
蚝油	15 克
烧烤粉	2 克
水淀粉	20 毫升
食用油	30 毫升
水	1000 毫升

扫一扫学做菜

———— 做法 ————

1 牛肉切小丁；红、黄彩椒均切片；西蓝花切小朵；洋葱切片；生姜去皮，切片。

2 将牛肉丁装碗，加入蚝油、水淀粉、姜片、盐1克、食用油10毫升，拌匀，腌制30分钟使其入味。

3 锅中倒入水1000毫升，烧开，倒入西蓝花、红彩椒、黄彩椒，焯水至断生，捞出过凉水沥干。

4 将焯煮好的西蓝花，红、黄彩椒倒入碗中，加入盐1克、生抽、烧烤粉、蜂蜜，拌匀待用。

5 锅中倒入食用油10毫升烧热，将牛肉丁煎至焦香，盛出牛肉丁，稍放凉后与红彩椒片、黄彩椒片、西蓝花、洋葱片间隔穿成串，再手动开火。

6 锅中倒入食用油10毫升烧热，放入彩蔬肉串，煎至两面焦香，盛出装盘即可享用啦。

桂花芋头汤

⏱ 时间：27分钟

主料	
小芋仔	200 克
糖桂花	20 克
红糖	40 克

辅料	
食用碱	1 克
水淀粉	15 毫升
水	1400 毫升

做法

1. 小芋仔逐个去皮，切小块。

2. 将芋仔洗净后装入碗中，加入食用碱1克和水800毫升，拌匀后浸泡10分钟。

3. 锅中倒入水600毫升，加入芋仔，煮至熟透。

4. 揭盖，加入红糖40克，拌匀煮至融化入味，再加入水淀粉15毫升，拌匀勾芡后淋入糖桂花20克，盛出装碗即可享用啦。

专家叮咛

芋仔一定要煮熟，否则其中的黏液会刺激咽喉。

薄荷豌豆汤

⏱ 时间：10分钟

主料

豌豆	150 克
奶油	30 克
薄荷叶	3 克

辅料

盐	1 克
水淀粉	10 毫升
水	1150 毫升

做法

1 豌豆去壳，剥粒，备用；薄荷叶洗净，备用。

2 锅中倒入水600毫升，烧开，倒入豌豆粒，焯水4分钟捞出，备用；锅中再倒入水300毫升，烧开，倒入薄荷叶焯水，捞出。

3 将豌豆粒、薄荷叶倒入破壁机中，加入水250毫升，搅打成浓稠的汁，盛出待用。

4 锅中倒入薄荷豌豆汁，边加热边搅拌，煮至沸腾，倒入奶油30克、盐1克、水淀粉10毫升，拌匀后盛出装碗即可享用啦。

专家叮咛

豌豆含有胡萝卜素、硫胺素、维生素、叶酸、钙等成分，能帮助消化、畅通大便。

翡翠米饼

⏱ 时间：5分钟

扫一扫学做菜

⟅ 主料 ⟆

玉米面	50 克	鸡蛋	50 克（1 个）
低筋面粉	50 克	菠菜汁	100 毫升

⟅ 辅料 ⟆

盐	1 克	水	60 毫升
食用油	10 毫升		

⟅ 做法 ⟆

1 玉米面装碗，加入水60毫升，搅拌均匀，备用。

2 再加入菠菜汁100毫升，打入鸡蛋1个，加入盐1克，搅拌均匀，再加入低筋面粉50克，搅拌成糊状，备用。

3 锅置于灶上，倒入食用油10毫升烧热。

4 舀入少量面糊，轻轻晃匀，煎至底部定型，翻面，将另一面也煎至定型，按此办法将面粉糊煎完，盛出装盘即可享用啦。

酸甜西葫芦

🕐 时间：5分钟

主料

西葫芦	100 克
西红柿	50 克

辅料

白糖	2 克
盐	1 克
食用油	10 毫升

做法

1 西葫芦切薄片；西红柿切小丁。

2 锅置于灶上，倒入食用油10毫升烧热。

3 放入西红柿丁，炒至出汁，再放入西葫芦片，翻炒均匀。

4 放入白糖2克、盐1克，炒匀，盛出装盘即可享用啦。

专家叮咛

西葫芦要选择色鲜质嫩者。选购时可捏一捏，如果发空、发软，说明已经老了；也可用手指甲掐一掐，指甲印掐过的地方为绿色，并且好像有水要流出的较嫩，若指甲掐过的地方为黄色、发干的，就是老的。

橙香冬瓜

🕐 **时间：** 21分钟

主料

带皮冬瓜	300 克
橙子	1 个

辅料

白糖	5 克
水	500 毫升

扫一扫学做菜

做法

1 冬瓜去皮，挖球；橙子去皮，取果肉，待用。

2 取料理机，倒入橙肉，榨成汁后过筛（约150毫升），待用。

3 锅中倒入水500毫升，倒入冬瓜球，煮熟捞出。

4 锅中倒入橙子汁，加入白糖5克，边搅边煮至白糖融化，再放入冬瓜球，拌匀煮至入味，盛出装碗即可享用啦。

专家叮咛

冬瓜球不能太大，否则不易入味。

果仁拌西葫芦 ⏱ 时间: 19分钟

----- 主料 -----

西葫芦	150 克	花生米	100 克

----- 辅料 -----

盐	2 克	食用油	410 毫升
白糖	2 克	香油	3 毫升
生抽	10 毫升	水	1200 毫升

----- 做法 -----

1. 西葫芦切好备用；取一空碗，倒入生抽10毫升、盐1克、白糖2克、香油3毫升，拌匀调成味汁。

2. 锅中倒入水600毫升，加入盐1克、食用油10毫升，烧开，加入西葫芦，煮熟捞出，倒掉锅中的水并将锅清洗干净。

3. 锅中倒入水600毫升，烧开，放入花生米，快速过水捞出。

4. 锅中倒入食用油400毫升烧热，倒入花生米，炸香后捞出，沥干油，倒入装有西葫芦的盘中，加入味汁，拌匀即可享用。

草菇烩芦笋

🕐 时间：5分钟

主料	
芦笋	150 克
草菇	100 克

辅料	
蒜瓣	10 克（2 瓣）
盐	1 克
蚝油	5 克
水淀粉	10 毫升
食用油	10 毫升
水	600 毫升

做法

1 草菇对半切开；芦笋去根部，切段；蒜瓣切片。

2 锅中倒入水600毫升，烧开，倒入芦笋煮至断生，捞出；再倒入草菇，焯至断生，捞出备用。

3 锅置于灶上，倒入食用油10毫升烧热，倒入蒜片，爆香。

4 加入草菇，炒至断生，倒入芦笋，加入盐1克、蚝油5克，炒匀，最后加入水淀粉10毫升，炒匀后盛出装盘即可享用美味。

专家叮咛

芦笋切好后，可先用清水浸泡，以去除其苦味。另外煮芦笋的时间不可太长，以免影响其鲜嫩口感。

香菇炒鸡蛋

🕐 时间：4分钟

············ 主料 ············

香菇	150 克
鸡蛋	100 克（2 个）

············ 辅料 ············

葱	10 克（1 根）
白糖	2 克
盐	2 克
鸡粉	3 克
胡椒粉	1 克
食用油	45 毫升
水	600 毫升

············ 做法 ············

1 香菇洗净，切片；葱切葱花。

2 取一空碗，打入鸡蛋，加入盐1克，拌匀。

3 锅中倒入水600毫升，烧开，放入香菇，焯水1分钟，捞出沥干。

4 锅置于灶上，倒入食用油30毫升烧热，放入鸡蛋液，炒至半熟，待鸡蛋液将要完全凝固之时，盛出备用，再手动开火。

5 锅中倒入食用油15毫升烧热，放入香菇，翻炒片刻，再放入白糖2克、盐1克、鸡粉3克、胡椒粉1克，炒匀。

6 放入炒好的鸡蛋，炒匀后撒入葱花，盛出即可享用啦。

成长的小树

⏱ 时间：52分钟

主料

西蓝花	100 克
黑米	50 克
橙子	20 克
玉米粒	20 克

辅料

白糖	3 克
盐	5 克
沙拉酱	10 克
水	2000 毫升

扫

做法

1 西蓝花切朵；橙子切片。

2 黑米加入清水提前泡发1小时；西蓝花加水，再加入盐3克，浸泡15分钟后捞出洗净。

3 将黑米放入蒸碗中，水和米的比例为1：3。

4 蒸锅中倒入水1200毫升，放上蒸帘，放上装有黑米的蒸碗，加盖，蒸至完全熟透。

5 揭盖，取出黑米，趁热与白糖3克混合均匀，将锅清洗干净，然后手动开火。锅中倒入水800毫升，煮开，倒入西蓝花、玉米粒，加入盐2克，拌匀煮至熟后捞出食材。

6 取一个盘子，依次将黑米饭（泥土）、西蓝花（小树）、玉米粒（阳光）、橙子片（太阳）摆入盘中，挤出几朵白云即可享用啦。

扫一扫学做菜

芋头肉圆

🕐 时间：10分钟

主料

芋头	150 克
猪肉馅	80 克

辅料

虾皮	2 克
葱	3 克
盐	1 克
玉米淀粉	80 克
生抽	3 毫升
玉米油	5 毫升
水	1700 毫升

做法

1 虾皮装入碗，倒入水300毫升，浸泡15分钟，捞出沥干。

2 芋头去皮，切小块；虾皮切末；葱切葱花。

3 锅中倒入水600毫升，将芋头蒸熟后取出，捣成泥，再加入淀粉80克拌匀，揉成光滑的面团。

4 猪肉馅装碗，加入虾皮末、葱花，再加入盐1克、生抽3毫升、玉米油5毫升，拌匀。

5 将面团搓成长条状，切成若干个均等的小剂子，将剂子用手捏成碗状，放入适量猪肉馅，捏紧收口，搓成圆形，制成肉圆生坯，备用。

6 锅中倒入水800毫升，煮至沸腾，放入肉圆生坯，煮至所有肉圆浮起后，盛出装碗即可享用。

香蕉薄饼

⏱ 时间：5分钟

主料

香蕉	200 克
中筋面粉	50 克

辅料

鸡蛋	50 克（1 个）
白糖	10 克
温牛奶	50 毫升
食用油	10 毫升

做法

1 香蕉去皮，切成小段，再捣成香蕉泥，备用。

2 香蕉泥装碗，打入鸡蛋1个，加入白糖10克、面粉50克、温牛奶50毫升，搅拌均匀成糊状，备用。

3 锅置于灶上，倒入食用油10毫升烧热。

4 放入香蕉牛奶糊，推平，煎至一面微黄后盛出，切成小条，卷好后装盘即可享用啦。

专家叮咛

面糊一定要充分搅拌均匀，以免煎制后有结块，影响口感。

鲜嫩蛋肠

⏱ 时间：15分钟

扫
扫
学
做
菜

──── 做法 ────

1 胡萝卜去皮，切末；葱切葱花；虾仁压成泥；鸡蛋打入碗中，搅散，过筛待用。

2 虾泥与胡萝卜末、盐、儿童酱油、香菇粉、葱花、玉米淀粉拌匀，待用。

3 锅中置于灶上，倒入食用油10毫升加热，倒入部分蛋液，摊平，煎成薄薄的蛋皮，再分别倒入蛋液，煎成蛋皮后，盛出煎好的蛋皮，逐个在蛋皮内加入适量虾泥，卷好装入蒸盘中。

4 锅中倒入清水1000毫升，放蛋肠蒸至软嫩后，取出即可享用。

蘑菇虾滑汤

🕐 时间：8分钟

主料

鲜虾仁	90 克
黄瓜	20 克
蘑菇	20 克
蛋清	20 克

辅料

柠檬	2 克
淀粉	6 克
鲜菇粉	1 克
水	700 毫升

扫一扫学做菜

做法

1 虾仁去虾线，剁成虾泥，放上柠檬片，腌制15分钟，备用。

2 黄瓜洗净，切1.5厘米大小的小片；蘑菇切段，洗净，备用。

3 锅中倒入水300毫升，烧开，放入蘑菇，焯水1分钟，捞出沥干，备用。

4 虾泥装碗，加入淀粉6克、鲜菇粉1克、蛋清20克，搅拌均匀成虾滑，备用。

5 将虾滑装入裱花袋中，将裱花袋剪个小口，备用。

6 锅中倒入水400毫升，烧开，再用裱花袋在勺子上挤出虾滑，放入锅中，炖煮，放入黄瓜、鲜蘑菇，继续炖煮至熟透后盛出装盘即可享用啦。

迷你小烧麦

⏱ 时间：19分钟

---- 主料 ----

米饭	100 克
猪肉末	80 克
小馄饨皮	20 克（10 张）
胡萝卜	10 克
香菇	10 克（1 朵）

---- 辅料 ----

葱	3 克
盐	0.5 克
生抽	3 毫升
水	300 毫升

⌇⌇⌇ 做法 ⌇⌇⌇

1 锅中倒入水300毫升，烧开，放入香菇，焯水1分钟，捞出沥干，备用。

2 香菇切丁；胡萝卜去皮，切丁；葱切葱花。

3 锅置于灶上，倒入食用油10毫升烧热，放入猪肉末，翻炒至变色后，再放入胡萝卜丁、香菇丁，翻炒至胡萝卜变软。

4 放入米饭，加入葱花、盐0.5克、生抽3毫升，炒匀。

5 盛出装盘，将炒好的馅料包入馄饨皮中，将四边的角依次往中心折，收口，备用，再手动开火。

6 锅中倒入食用油10毫升烧热，放入制好的小烧麦生坯，盖上锅盖，煎至焦黄，盛出装盘即可。

紫菜包饭

🕐 时间：3分钟

主料

米饭	300 克
胡萝卜	120 克
黄瓜	100 克
火腿肠	100 克
鸡蛋	50 克（1 个）
干紫菜	10 克

辅料

白芝麻	2 克
盐	1 克
食用油	15 克

做法

1 胡萝卜、黄瓜、火腿肠分别洗净，切细条备用。

2 取一空碗，打入鸡蛋1个，加入盐1克，拌匀。

3 放上卷席，将干紫菜铺开，先均匀地铺上一层米饭，再平铺上胡萝卜、黄瓜、火腿肠。

4 锅置于灶上，倒入食用油15毫升烧热，放入鸡蛋液，转动锅子，摊成饼状。

5 待蛋液凝固后，翻面，继续将另一面煎至定型。

6 盛出蛋饼，铺在干紫菜上，然后撒入白芝麻2克，将干紫菜卷起，切成数小段，装盘后即可享用啦。

焦糖南瓜饼

时间：14分钟

主料	
面粉	500 克
南瓜	300 克

辅料	
白糖	45 克
酵母	5 克
食用油	25 毫升
水	400 毫升

扫一扫学做菜

做法

1 南瓜掏出瓜瓤，切块，装入蒸盘中。

2 锅中倒入水400毫升，放上装有南瓜的蒸盘，蒸至熟透后，取出蒸盘，备用。

3 南瓜中加入白糖5克、酵母5克、面粉500克，拌匀。

4 拌匀后揉成团，盖上保鲜膜，发酵10分钟。然后将面团擀成厚片，再取一个薄点的玻璃杯，用其杯口将南瓜大饼压成数十个均匀的圆型小饼。

5 锅置于灶上，倒入食用油15毫升烧热，放入南瓜小饼，煎至两面金黄后盛出。

6 锅置于灶上，倒入食用油10毫升烧热，倒入白糖40克，熬出糖色，再放入南瓜饼，均匀地裹上糖色，盛出即可享用啦。

山楂猪肝粥

⏱ 时间：38分钟

主料

猪肝	35 克
大米	30 克
去皮花生	6 克
去皮核桃	4 克
空心山楂	5 克

辅料

葱	3 克
姜	3 克
淀粉	3 克
水	1400 毫升

扫一扫学做菜

做法

1 猪肝放入清水中，泡洗干净，切片；山楂切末；葱切葱花；姜切片。

2 猪肝装碗，加入姜片、淀粉3克，充分地搅拌均匀，腌制10分钟。

3 花生、核桃切碎备用。

4 锅中倒入水300毫升，烧开，放入猪肝，焯水1分钟，捞出切碎。

5 大米装碗，加水300毫升，浸泡30分钟，备用。

6 锅中倒入水800毫升，放入大米，拌匀，盖上锅盖，炖煮，再揭盖，放入核桃、花生、山楂碎、猪肝碎，拌匀，继续炖煮至熟透后撒入葱花，盛出装碗即可享用啦。

香煎三文鱼

 时间：13分钟

主料	
三文鱼	250 克
柠檬	150 克
口蘑	30 克

辅料	
盐	2 克
黑胡椒粉	1 克
黄油	30 克

专家叮咛

三文鱼富含蛋白质，还富含维生素 A、B、E，锌、硒、铜、锰等矿物营养元素，营养价值非常高。

做法

1. 三文鱼处理干净，备用；柠檬切薄片；口蘑去蒂，切片备用。

2. 将三文鱼装盘，放入柠檬片，加入盐2克、黑胡椒粉1克，抹匀，腌制15分钟。

3. 将锅置于灶上，倒入黄油30克，烧热至融化。

4. 放入三文鱼，煎至一面微微焦黄，翻面，将另一面也煎至焦黄。

5. 盛出三文鱼，装盘备用，锅底留油15毫升，再手动开火。

6. 将锅中的底油加热，放入口蘑，煎至熟透，盛出口蘑，放入装有三文鱼的盘中，再用剩余的柠檬片加以点缀即可享用啦。

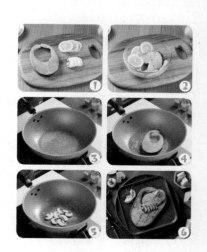

香蕉燕麦卷

⏱ 时间：7分钟

主料	
香蕉	150克
鸡蛋	50克（1个）
即食燕麦	20克

辅料	
干淀粉	20克
食用油	15毫升

做法

1 香蕉去皮，切小段。

2 取一空碗，打入鸡蛋1个，打散，备用。

3 先将香蕉裹匀干淀粉，接着裹匀蛋液，最后裹上燕麦，备用。

4 锅置于灶上，倒入食用油15毫升烧热，放入香蕉卷，偶尔翻动，煎至四面金黄，盛出装盘即可享用啦。

专家叮咛

燕麦含有膳食纤维、B族维生素、叶酸、磷、钾、铁、铜等营养成分，能增强免疫力、润肠通便。

苹果猪肉扒 ⏱ 时间：9分钟

───────(主料)───────

猪肉末	150 克	蛋清	35 克
苹果	40 克		

───────(辅料)───────

面包糠	20 克	生抽	5 毫升
玉米淀粉	18 克	食用油	20 毫升

───────(做法)───────

1 苹果去皮，切细丁，备用。

2 猪肉末装碗，加入蛋清35克、生抽5毫升，拌匀，再加入苹果丁、玉米淀粉18克、食用油5毫升，拌匀，继续搅打上劲，备用。

3 将拌好的肉末分成若干等份，整理成圆饼形状，再依次裹上面包糠，备用。

4 锅置于灶上，倒入食用油15毫升烧热，放入制好的圆饼状肉饼，煎至两面金黄，再将其他肉饼也按此方法煎好，盛出装盘即可享用啦。

南瓜小米粥

⏱ 时间：20分钟

主料

南瓜	200 克	枸杞	2 克
小米	100 克		

辅料

冰糖	20 克	水	1800 毫升

做法

1 南瓜去皮，洗净，切成1厘米大小的方块。

2 枸杞洗净，装碗，倒入水300毫升，浸泡15分钟；小米洗净，装碗，倒入水300毫升，浸泡15分钟。

3 锅中倒入水600毫升，放入蒸帘，煮沸，放入装有南瓜的蒸盘，盖上锅盖，蒸至南瓜熟透，取出，备用。

4 锅中倒入水600毫升，盖上锅盖，煮至沸腾后，揭盖，放入泡好的小米，盖上锅盖，炖煮至小米软烂。

5 揭盖，放入熟南瓜，再加入冰糖20克，拌匀熬煮至融化，最后撒入枸杞2克，盛出即可享用啦。

芙蓉蛋羹虾

时间：10分钟

主料

日本豆腐	120克（1条）
基围虾	80克（4个）
鸡蛋	50克（1个）

辅料

葱	5克（1/2根）
白糖	1.5克
盐	0.5克
鸡粉	1.5克
白胡椒粉	0.5克
水	1080毫升

做法

1 日本豆腐切2厘米长的小段，备用；基围虾去头，去虾线，将虾尾从中间的开口处划开；葱切葱花。

2 基围虾装碗，加入白糖0.5克、鸡粉0.5克、白胡椒粉0.5克，拌匀，腌制15分钟。

3 取一空碗，打入鸡蛋1个，加入白糖1克、盐0.5克、鸡粉1克、水80毫升，打散，备用。

4 取一个蒸碗，铺上日本豆腐，将蛋液过筛淋入碗中，再放入基围虾，尾部朝上，准备蒸制。

5 锅中倒入水1000毫升，盖上锅盖，煮沸。

6 揭盖，放入蒸帘，放上蒸盘，盖上锅盖，蒸至食材熟透后，揭盖取出，撒入葱花即可享用啦。

蔬菜玉米饼

🕐 时间：7分钟

扫一扫学做菜

------ 做法 ------

1 西红柿去心，切丁；胡萝卜、白菜切丝，备用；葱切葱花。

2 取一空碗，打入鸡蛋2个，拌匀，再加入面粉100克，拌匀，调成面粉糊。

3 面糊中放入西红柿、胡萝卜、白菜、玉米粒、葱花，加入盐2克，拌匀。

4 锅置于灶上，倒入食用油15毫升烧热，放入面糊，转动锅子，将面糊摊成圆饼状，煎至两面焦黄后盛出装盘，食用时用刀切成小块即可。

茶叶蛋 ⏱ 时间：20分钟

主料

鸡蛋	250克（5个）	绿茶	15克

辅料

八角	1克（1个）	盐	10克
桂皮	6克	老抽	20毫升
花椒	3克	水	2200毫升
香叶	0.3克（3片）		

做法

1 将鸡蛋清洗干净，放入锅中，倒入水1200毫升，煮熟后取出。

2 将鸡蛋表面敲出裂纹。

3 锅中倒入水1000毫升，放入鸡蛋，再加入八角1个、桂皮6克、花椒3克、香叶3片、绿茶15克、盐10克、老抽20毫升，盖上锅盖，炖煮。

4 待水烧开后，再炖煮片刻，揭盖盛出，剥壳后装碗即可享用啦。

南瓜豆沙包

时间: 14分钟

主料

低筋面粉	200 克	豆沙馅	150 克
南瓜	100 克		

辅料

白糖	50 克	葡萄干	2 克
酵母	3 克	食用油	35 毫升
泡打粉	3 克	水	1600 毫升

做法

1 南瓜掏出瓜瓤, 切大段, 洗净, 放入蒸盘中。

2 将南瓜蒸至熟透后, 取出装入空碗中, 加入白糖50克、酵母3克、低筋面粉500克、泡打粉3克, 揉成面团。

3 将面团均分成数个小面团, 将豆沙馅也均分为数份, 取一个南瓜面团, 用手捏成四边薄、中间厚的薄片, 放上一份豆沙馅, 包紧收圆成包子生坯, 在每个生坯上划出"米"字, 在顶部插入一颗葡萄干, 即成豆沙包生坯, 静置发酵40分钟, 然后在每个包子表面喷上一层水, 笼布上刷一层油, 将包子放入蒸笼, 准备蒸制。

4 将豆沙包生坯蒸至熟透后, 取出装盘, 即可享用美味啦。

冬菇油菜

🕐 时间：7分钟

主料

油菜	150 克
干冬菇	30 克

辅料

姜	10 克（5 片）
蒜瓣	15 克（3 瓣）
盐	2 克
鸡粉	2 克
蚝油	10 克
水淀粉	15 毫升
食用油	30 毫升
水	1150 毫升

扫一扫学

做法

1. 取一空碗，倒入水300毫升，放入干冬菇，泡发30分钟。

2. 冬菇切十字花刀；油菜洗净，对半切开；姜切片；蒜瓣切粒。

3. 锅中倒入水600毫升，烧开，放入油菜，焯水2分钟后捞出沥干，备用。

4. 锅置于灶上，倒入食用油30毫升烧热，放入姜片、蒜粒，爆香。

5. 放入冬菇，炒出香味，再放入盐2克、鸡粉2克、蚝油10克，再倒入水250毫升，炖煮入味。

6. 放入水淀粉15毫升，勾芡后盛出，倒到油菜碟中即可享用啦。

马蹄甜汤

🕐 时间：45分钟

主料

马蹄	100 克
雪梨	100 克

辅料

枸杞	1 克
冰糖	10 克
水	1000 毫升

做法

1 马蹄切丁；雪梨去皮，切丁。

2 锅中倒入水1000毫升，放入马蹄、雪梨、枸杞，盖上锅盖，炖煮。

3 揭盖，放入冰糖10克，炖煮至冰糖完全融化。

4 盛出装碗即可享用啦。

专家叮咛

马蹄营养丰富，含有蛋白质、维生素C，还有钙、磷、铁、胡萝卜素等营养成分，可以促进儿童生长发育，对儿童的骨骼和牙齿有一定的好处。

牛肉豆腐汤

🕐 时间：25分钟

主料

嫩豆腐	40克
牛肉	30克

辅料

盐	0.5克
水淀粉	30毫升
水	650毫升

专家叮咛

牛肉中蛋白质的含量特别丰富，而脂肪含量又较低，还是肉类中含铁量最高的，特别适合生长发育期的宝宝。

做法

1 牛肉切丁；嫩豆腐切丁。

2 锅中倒入水300毫升，放入牛肉丁，焯水3分钟，捞出沥干，备用。

3 锅中倒入水350毫升，煮沸。

4 放入牛肉，加入盐0.5克，拌匀后盖上锅盖，炖煮。

5 揭盖，放入嫩豆腐，再倒入水淀粉30毫升，拌匀。

6 盛出装碗即可享用啦。

扫一扫学做菜

杏鲍菇酿猪肉

🕐 时间：12分钟

主料

杏鲍菇	200 克
五花肉末	120 克

辅料

蛋清	10 克（1/2 个）
葱	20 克（2 根）
姜	10 克（5 片）
白糖	1.5 克
盐	0.5 克
鸡粉	1.5 克
胡椒粉	0.5 克
蚝油	3 克
淀粉	13 克
生抽	5 毫升
食用油	510 毫升
水	200 毫升

扫一扫学做菜

做法

1. 杏鲍菇洗净，第一刀不切断，第二刀切断，切成 0.5厘米厚的片，备用；葱切葱花；姜切末。

2. 取一空碗，加入肉末、葱花15克、蛋清，加入白糖、盐、胡椒粉、鸡粉各0.5克，再加入淀粉3克、食用油10毫升，拌匀，制成馅料。

3. 将拌好的馅料塞入杏鲍菇中，再撒入淀粉10克。

4. 将锅中的水分擦干，倒入食用油500毫升烧热，放入杏鲍菇，炸至金黄。

5. 盛出装盘，锅底留油15毫升，放入姜末，爆香。

6. 倒入水200毫升，加入蚝油、生抽，鸡粉、白糖各1克，拌匀，炖煮片刻，放入杏鲍菇，炖煮收汁，最后撒入葱花5克，盛出装盘即可享用啦。

山楂苹果汤

时间: 41分钟

主料

苹果	50克	干山楂	5克
去核红枣	10克		

辅料

冰糖	20克	水	1100毫升

做法

1 苹果去皮，切丁；红枣切片，备用。

2 山楂装碗，加入水300毫升，浸泡1小时，洗净捞出。

3 锅中倒入水800毫升，放入苹果丁，盖上锅盖，炖煮。

4 揭盖，放入红枣、山楂，继续炖煮片刻，再放入冰糖20克，拌匀，炖煮至冰糖完全融化后，盛出装碗即可享用啦。

炸南瓜丸子

🕐 时间：7分钟

专家叮咛

挑选外形完整的南瓜，最好是瓜梗蒂连着瓜身，这样的南瓜比较新鲜。

做法

1 南瓜掏出瓜瓤，切大段，放入蒸盘中。

2 锅中加入水400毫升，放上装有南瓜的蒸盘，蒸至南瓜熟透。

3 取出蒸盘，将南瓜装入空碗中，待冷却后捣成南瓜泥，备用。

4 南瓜泥中加入白糖70克、糯米粉200克、食用油10毫升，拌匀，揉成团。

5 将揉好的团分成若干个大小均匀的剂子，依次将剂子揉圆，沾点水，然后裹上面包糠。

6 将锅中的水分擦干，倒入食用油600毫升烧热，放入南瓜丸子，炸至丸子表面金黄后，捞出南瓜丸子，控油，放凉后即可享用。

爆米花

🕐 时间：8分钟

主料	
干玉米粒	100 克

辅料	
黄油	15 克
白糖	40 克

做法

1 将黄油装碗中，隔热水融化。

2 锅置于灶上，倒入黄油15克加热，放入干玉米粒，翻拌至裹上黄油，摊平，盖上锅盖。

3 用手按紧锅盖，端起炒锅不停摇动3~4次，然后放下锅继续加热20秒，再用手端起炒锅不停摇动3~4次，再放下，继续加热。

4 缓慢打开锅盖，用锅铲炒匀，加白糖40克，用锅铲不停搅拌，使糖融化后均匀沾到爆米花上，盛出爆米花，稍晾凉后即可享用啦。

专家叮咛

虽然家庭制作的爆米花安全有保障，但是黄油热量较高，不宜经常给宝宝食用爆米花。

午餐肉

🕐 时间：45分钟

主料

猪前腿（带肥肉）	500 克
鸡蛋	100 克（2 个）
面粉	50 克

辅料

淀粉	50 克
葱	20 克（2 根）
姜	10 克（5 片）
盐	2 克
白糖	12 克
薄盐生抽	15 毫升
鸡汁	10 毫升
食用油	15 毫升
水	1580 毫升

做法

1 前腿肉切小块；葱切葱花；姜切碎；取料理机，倒入猪肉、葱、姜，打成肉泥。

2 肉泥装碗，加入盐2克、白糖12克、薄盐生抽15毫升、鸡汁10毫升、鸡蛋2个、面粉50克、淀粉50克，再倒入水80毫升，朝一个方向充分搅拌均匀。

3 在耐高温的容器内铺上油纸，在内部刷一层食用油，装入肉馅，压实铺平，约4厘米厚，盖上保鲜膜。

4 锅中倒入水1500毫升，盖上锅盖，煮至沸腾，揭盖，放入装有食材的容器，盖上锅盖，蒸至熟透后，揭盖，取出脱模，切块后即可享用啦。

橘子雪梨糖水

🕐 时间：28分钟

———— 主料 ————

橘子　　　　　　300 克
雪梨　　　　　　300 克
鲜山楂　　　　　2 个

———— 辅料 ————

冰糖　　　　　　30 克
水　　　　　　　1000 毫升

扫一扫学做菜

———— 做法 ————

1　将橘子剥皮，掰成小瓣，撕去橘子瓣上的筋络；雪梨去皮去核，
　　切块；鲜山楂去除顶部，切块，待用。

2　锅中倒入水1000毫升，加入冰糖30克，煮至融化。

3　再倒入橘子、雪梨、山楂，拌匀，煮至出味，盖上锅盖，继续炖
　　煮至橘子入味。

4　揭盖，盛出煮好的橘子糖水，稍晾凉后即可享用啦。

专家叮咛

　　雪梨含有苹果酸、柠檬酸、维生素 B_1、维生素 C、胡萝卜
素等营养成分，能润肺、消痰、降火。

多色芋圆

时间：11分钟

主料

木薯淀粉	195 克
紫薯	150 克
芋头	140 克
红薯	125 克

辅料

白糖	45 克
椰奶	25 毫升
土豆淀粉	52.5 克
水	2545 毫升

扫一扫学做菜

做法

1 芋头、红薯、紫薯去皮，切块，装入蒸盘待用。

2 将蒸盘放入锅中，倒入水1500毫升，蒸至熟透后取出，分别压成泥状。

3 取芋头泥装碗，加木薯淀粉75克、土豆淀粉22.5克、白糖15克，加水15毫升，揉搓成数个小圆球。

4 取红薯泥装碗，加木薯淀粉60克，加白糖、土豆淀粉各15克，加水15毫升，揉搓成数个小圆球。

5 再取紫薯泥装碗，加木薯淀粉60克，加白糖、土豆淀粉各15克，加水15毫升，揉成数个小圆球。

6 锅中倒入水1000毫升，煮至沸腾，再放入三种芋圆，煮至全部浮起后，捞出芋圆，放入备好的冰水中，食用时捞出加入椰奶即可享用啦。

番茄土豆球

时间：10分钟

主料

| 土豆 | 200 克 |
| 番茄酱 | 60 克 |

辅料

干淀粉	30 克
生抽	3 毫升
食用油	15 毫升
水	2400 毫升

专家叮咛

土豆含有大量淀粉以及维生素等，能促进脾胃的消化功能，其中的膳食纤维，能帮助机体及时排泄代谢毒素，预防便秘。

扫一扫学做菜

做法

1 土豆去皮，切成2厘米大小的小块，洗净备用。

2 锅中倒入水1200毫升，放入蒸架，再放上土豆块，蒸至土豆熟透。

3 取出，将土豆捣成土豆泥，加入干淀粉30克，揉成面团，再分成若干等份，搓成土豆球，装入蒸盘，备用，再手动开火。

4 锅中倒入水1200毫升，放上蒸架，盖上锅盖，煮至沸腾后，揭盖，放入备好的土豆球，盖上锅盖，蒸至土豆球熟透，取出备用，再手动开火。

5 锅置于灶上，倒入食用油15毫升烧热，放入番茄酱60克、生抽3毫升，炒匀。

6 放入蒸好的土豆球，裹匀番茄汁即可。

南瓜草莓大福

⏱ 时间: 21分钟

───────── 主料 ─────────

山药　　　　　100克　　　草莓　　　　　　10克（5个）
南瓜　　　　　20克

───────── 辅料 ─────────

椰蓉　　　　　10克　　　水　　　　　　　1500毫升

───────── 做法 ─────────

1 山药去皮，洗净，切块；南瓜去皮，洗净，切块；草莓洗净，去蒂，沥干备用。

2 锅中倒入水1500毫升，放上蒸帘，放上装有食材的蒸盘，蒸至食材熟透。

3 取出山药和南瓜，捣成泥状，分成5等份，然后揉成圆球，分别塞入一颗草莓，再裹匀椰蓉，装盘后即可享用啦。

扫一扫学做菜

肉馅酿蛋

🕐 时间：14分钟

主料	
鸡蛋	300克（5个）
猪肉末	100克
虾仁	50克

辅料	
葱	10克
盐	1克
糖	2.5克
鸡粉	1.5克
干淀粉	5克
蚝油	18克
姜汁	10毫升
水淀粉	50毫升
食用油	10毫升
水	2580毫升

做法

1 虾仁剁成虾泥；葱切末，备用；猪肉末装碗，加入虾泥、葱末，加入盐1克、鸡粉0.5克、糖0.5克、蚝油3克、干淀粉5克、姜汁10毫升，拌匀成肉馅。

2 锅中倒入水1500毫升，放入鸡蛋，煮10分钟至熟，捞出剥壳，再将鸡蛋划出锯齿状，对半打开，取出蛋黄，将肉馅装入蛋清中，放入蒸盘，备用。

3 锅中倒入水1000毫升，放上蒸帘，放上蒸盘，盖上锅盖，蒸至肉馅熟透后，揭盖取出蒸盘，将蒸盘中的食材装碗，备用，洗干净锅内，再手动开火。

4 锅中倒入水80毫升、蚝油15克、鸡粉1克、糖2克、食用油10毫升、水淀粉50毫升，炒匀，再将芡汁淋在肉末上，撒上葱花即可享用啦。

肉末鲜茶树菇

⏱ 时间：10分钟

········ 主料 ········

鲜茶树菇	200 克
猪肉末	130 克

········ 辅料 ········

蒜瓣	10 克
葱	10 克
白糖	2 克
盐	1 克
淀粉	3 克
料酒	5 毫升
生抽	5 毫升
水淀粉	10 毫升
食用油	25 毫升
水	60 毫升

········ 做法 ········

1 鲜茶树菇去根部，去头，再对半切开，切段；葱切末；蒜瓣去皮切末，待用。

2 猪肉末装碗，加入盐1克、淀粉3克、料酒5毫升，拌匀腌制10分钟。

3 锅置于灶上，倒入食用油15毫升烧热。

4 放入茶树菇，翻炒片刻，炒至金黄，盛出备用。

5 锅中倒入食用油10毫升烧热，放入蒜末，炒出香味，再倒入肉末，炒至变色后，倒入水60毫升、白糖2克、生抽5毫升，炒匀煮沸。

6 加入水淀粉10毫升，炒匀勾芡，再撒入葱花即可盛出，倒在铺有茶树菇的盘中即可享用美味。

鸡蛋炒面

🕐 时间：5分钟

┈┈┈┈ 主料 ┈┈┈┈

面条	200 克
鸡蛋	50 克
胡萝卜	20 克

┈┈┈┈ 辅料 ┈┈┈┈

葱	10 克
盐	1 克
生抽	8 毫升
食用油	25 毫升

┈┈┈┈ 做法 ┈┈┈┈

1 鸡蛋打散，拌匀；胡萝卜切丝；葱洗净，切段。

2 面条装碗，倒入温水600毫升，泡至面条散开，捞出沥干。

3 取一空碗，倒入盐1克、生抽8毫升、水10毫升，拌匀。

4 锅置于灶上，倒入食用油10毫升烧热，放入鸡蛋，煎成蛋饼后盛出鸡蛋，切成条状，再手动开火。

5 锅中倒入食用油15毫升烧热，放入葱白段5克、胡萝卜丝，煸香。

6 放入面条，炒匀，放入鸡蛋、余下部分的葱段，继续翻炒片刻，倒入调好的料汁，炒匀后盛出即可。